十万个为什么

神奇的动物王国

SHENQIDEDONGWUWANGGUO

《科普世界》编委会 编

内蒙古科学技术出版社

图书在版编目（CIP）数据

神奇的动物王国 /《科普世界》编委会编. —赤峰:
内蒙古科学技术出版社，2016.12（2022.1重印）
（十万个为什么）
ISBN 978-7-5380-2745-7

Ⅰ. ①神… Ⅱ. ①科… Ⅲ. ①动物—普及读物 Ⅳ.
① Q95-49

中国版本图书馆CIP数据核字（2016）第313134号

神奇的动物王国

作　　者:《科普世界》编委会
责任编辑: 季文波
封面设计: 法思特设计
出版发行: 内蒙古科学技术出版社
地　　址: 赤峰市红山区哈达街南一段4号
网　　址: www.nm-kj.cn
邮购电话: (0476)5888903
排版制作: 北京膳书堂文化传播有限公司
印　　刷: 三河市华东印刷有限公司
字　　数: 140千
开　　本: 700×1010　1/16
印　　张: 10
版　　次: 2016年12月第1版
印　　次: 2022年1月第3次印刷
书　　号: ISBN 978-7-5380-2745-7
定　　价: 38.80元

前言
Preface

在这个世界上，除了最高级的灵长目——人类以外，还有许许多多的动物与我们一样是有思想、有感情的。人类是动物进化的最高级阶段。

动物的进化过程比植物的进化过程还要复杂得多，它们不但要经受自然环境的考验，而且还要接受其他物种的挑战。最后，那些幸存下来的物种才有机会繁衍，沿着从低等到高等、从简单到复杂的趋势进化，而其间的争斗、撕咬、奔跑画面则定格在某一个时期，现在它们的子孙们以或强大、或聪颖、或机敏、或凶猛的姿态成为大自然不可或缺的一部分。

动物是大自然的一部分，如果没有了动物，大自然依旧可以存在；但是无法想象，地球上如果没有动物的存在，那将是多么安静可怕，就像史前地球。动物也是我们人类的朋友，离开了它们，我们也无法很好地生存。

Part ❶
哺乳动物篇

目 录 Contents

Part 2
昆虫篇

Part 3
海底生物篇

Part ④ 两栖动物和爬行动物篇

*P*art ⑤
鸟类篇

part 1

哺乳动物篇

猩猩为什么不喜欢热闹？

　　我们很少看到成群的猩猩，原来猩猩是一种喜欢独行的动物，这种独立从断奶之后就开始了。长大后，雌性猩猩还能经常回去看看母亲，但雄性猩猩则会跟母亲完全脱离关系。据研究，处于幼年和青春期的猩猩还可以一起玩上几小时，甚至可以成对地在周围走动，但当几只成年猩猩相遇时，就算被同一棵果树吸引，也几乎不做任何交流，而吃完后各自离开。

▲ 喜欢独处的猩猩

你能看懂猩猩的表情吗？

　　以进化论的观点来看，人类与猩猩是有亲缘关系的，我们可能来自共同的祖先，这就决定了它的智力是仅次于人类的动物。它们能分辨出大多数颜色，会制造及使用简单的工具，而且记忆力很强。

　　另外，它们还能模仿人的动作，并可以通过面部表情、声音及身体姿势来表现喜、怒、哀、乐等各种复杂情绪。比如，在高兴时，猩猩会站立、跺脚或摇摆，并发出一连串尖叫声；在生气时，会瞪眼；而在害怕时，则会露出一副龇牙咧嘴的凶相。

◀ 猩猩也有喜怒哀乐

猩猩是怎么"钓"到白蚁的?

　　猩猩也喜欢吃零食,而白蚁是猩猩爱吃的小零食,可是,它是怎么抓到这些躲在洞穴里的小家伙的呢?原来,聪明的猩猩有一个非常巧妙的办法。首先,它会用手将蚁穴刨出一个洞,然后把一根小树枝伸进洞里,等上面爬满了白蚁后,再把小树枝拿出来,这样就可以品尝"钓"来的美味了。

▼ 母猩猩正在喂食孩子

哺乳动物篇

大猩猩为什么爱捶打胸脯？

大猩猩常常会做出这样的举动：双手拼命捶打自己的胸脯，还"呼哧、呼哧"地大喘着气。人们见到它们这副模样，往往会被吓坏。其实，这是大猩猩在向对手示威，只要你不去惹它，它绝不会主动攻击你。

▲ 长着粗鲁面孔和巨大身材的大猩猩

老虎和狮子谁更厉害？

我们常听到老虎是兽中之王的话，可对于生活在非洲的人来说，他们可称狮子为王。原来，在自然界中，老虎生活在亚洲，狮子生活在非洲，两者天各一方，根本没有比试高低的机会。从它们的生活习性方面来分析，老虎喜欢独来独往，狮子是集群活动，如果双方发生冲突，一只老虎自然不能与一群狮子对抗。可人们提出这两个王者哪个厉害些时，当然是指一对一的对抗，那就可以预测，一只老虎和一只狮子单打独斗，老虎可能更强悍一些。因为老虎在灵敏性、耐力和体重上都要胜过狮子。

◀ 凶猛的白虎

老虎的武器是什么？

▲ 东北虎

　　兽中之王——老虎是用什么武器称霸的呢？原来，老虎有三大武器，分别是牙齿、爪子和尾巴。在捕捉猎物时，老虎会先用爪子抓透猎物的背部并把它拖倒在地，然后用锐利的犬齿咬住猎物的咽喉或者咬断其颈椎。由此可见老虎牙齿的锐利和爪子的锋利程度。尾巴是老虎的第三大法宝，关键时刻，它会抡起像钢鞭似的尾巴扫向猎物，把猎物抽昏。

老虎会游泳吗？

　　大多数猫科动物都是会游泳的，老虎也不例外，而且技能很高。它们有着强壮的身体和爪子，这是它们可以游泳的一个原因。此外，它们要经常渡过河流、小溪到对岸去捕捉猎物。而在炎热的夏季，在河里泡个澡可以帮助它们降低身体的温度。尽管它们很善于游泳，但它们在下水前，还是会小心翼翼地用前爪试探水面，就像一只怕水的小猫。

哺乳动物篇

为什么雄狮不捕猎？

　　跟人类社会的男主外女主内不同，在狮子的社会结构中，雌狮负责捕猎，雄狮从来都是无所事事的样子，但却拥有优先享用猎物的待遇。雄狮是不是好吃懒做呢？其实不是这样的，雄狮在家庭中的职责是保护大家的生命安全，一旦发现其他狮群的成员侵入领地，或者袭击自己群中的成员，那么它会奋不顾身地把入侵者赶走。

▼ 母狮

狮子为什么在黑夜中捕食？

狮子大多是晚上捕食的，这跟它本身的身体素质有关。原来，狮子追击猎物的速度虽然能达到18米／秒，但是这种高速度的奔跑只能维持十几秒钟，所以，伏击是它们唯一的选择。狮子喜欢夜间觅食，就连明亮的月光都不喜欢，因为光亮常常会暴露它们隐蔽的身影，从而降低狩猎的成功率。

▲ 欧洲洞狮

为什么说狮子是"兽中之王"？

狮子是食肉动物，常以斑马、羚羊、长颈鹿等为食。它的力气很大，能独自拖走二三百斤重的猎物。它的犬齿和臼齿非常锋利，能一口咬断斑马的脖子。狮子喜欢从猎豹等动物"口中夺食"，以此显示自己的威风。此外，狮子身型硕大强健，加上它那如雷的吼声，给人一种称霸一方的感觉。所以，生活在非洲的人们把狮子称为"兽中之王"。

◀ 西非狮

哺乳动物篇

大象的长鼻子有什么用？

对于人类来说，大象的鼻子实在是太奇怪了，我们的鼻子只是用来呼吸，可大象的鼻子用途却有很多。它可以呼吸、闻味、采摘果实、搬运东西、吸水洗澡和吃东西。走路时，大象用长鼻子当拐杖在前面探路。象鼻子的力气可大了，能够把树推倒，然后吃树上的叶子。碰到危险时，大象就用长鼻子当武器，把敌人卷起来，再狠狠地甩出去。大象的鼻子就像我们人类的手，有时候在动物园里，大象还能用它的长鼻子给小朋友们吹口琴和打鼓，最神奇的是还能用鼻子抓住画笔画画！

大象为什么用泥巴洗澡？

我们都知道，洗澡一定要用干净的水，可大象却是用泥巴来洗澡的，这其中有什么特别的原因吗？其实，用泥巴洗澡看上去是越洗越脏，但对于大象来说可是一项必不可少的运动。大象没有汗腺和皮脂腺，而泥巴中的水分蒸发时就像流汗一样，可以为大象带来凉爽。非洲烈日炎炎，如果大象身上涂一层厚厚的泥巴，简直就像涂上了一层纯天然的防晒霜，更重要的是，它还能为大象驱除寄生虫呢。

◀ 象牙有时可达到 3 米

▲ 大象带着小象走在沙滩上

大象会游泳吗？

　　大象是陆地上体积最大的动物，这样庞大的身躯可以游泳吗？答案是肯定的，它体积虽巨大，却是动物界中的游泳健将。它们游得很慢，但耐力惊人，能连续游 30 个小时，有时甚至能穿过较窄的海峡。在长距离游泳时，象群通常会排成"一"字形，把前腿搭在前面的大象背上，只用后腿划水，而那些强壮的大象会轮流打头阵。

哺乳动物篇

▲ 正在捡食树枝的象群

为什么森林中看不到大象的尸体？

　　生命都是由生到死的，但在森林中却看不到大象的尸体，为什么呢？其实，当一头老象死去后，同伴们就会为它举办一场告别的葬礼。在葬礼上，大象们痛苦地哀号，还会用鼻子抚摸老象的遗体，之后它们会用石块和草木等把老象掩埋起来，这样大象的尸体就不容易被发现了。

大象用鼻子吸水为什么不会被呛到？

　　我们常会看到大象用鼻子吸水并喷射出来，为什么它不会被呛到呢？原来，在大象鼻腔后面的食道上方有一块软骨，当大象用鼻子把水吸入鼻腔时，这块软骨就会将气管口盖起来，使水不能进入肺里，这样大象就不会被水呛到了。不仅如此，当大象用鼻子喷出东西时，这块软骨还会自动打开，一点儿也不影响大象的正常呼吸。

为什么大象有时会突然发疯？

　　大象是一种非常安静的动物，但有时候会突然躁动起来，这是什么原因呢？原来始作俑者竟然是一种果子。这种果子甘甜多汁，是大象的最爱，其中含有很多淀粉和糖分，进入胃内会慢慢转化成酒精，一旦大象暴食之后，就会酩酊大醉。这时，"喝醉"的大象们就会大发酒疯，或狂奔不已，撞倒或拔起大树；或是东倒西歪呼呼大睡，甚至要睡上两三天才能醒过来。

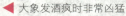
◀ 大象发酒疯时非常凶猛

哺乳动物篇

11

大熊猫为什么是国宝？

为什么把大熊猫称为"活化石"呢？现在只有在中国四川等地的竹林里才能看到大熊猫的身影，它们已经成为中国特有的珍稀动物。然而，随着生存环境的恶化，加上其本身繁殖率很低，大熊猫的数量正在以可怕的速度减少。在动物世界里，应该很难找到像大熊猫这样憨态可掬、温顺可爱的动物了，所以人们亲切地称它为"国宝"。

▲ 可爱的大熊猫

为什么大熊猫喜欢住在竹林里？

大熊猫选择住在山间竹林，当然是有原因的。首先，竹林食源丰富，有它们喜欢吃的竹子。其次，竹林里气候温凉潮湿，环境特别舒服。再者就是，竹林里隐蔽条件好，能把虎、豹等危险动物挡在外面。这样一个既能吃得好，又能住得好的地方，难怪大熊猫们会乐在其中，人们也因此把大熊猫称为"竹林隐士"。

◀ 大熊猫喜欢住在竹林里

为什么大熊猫不爱运动？

在大熊猫的食谱里，竹子是主打，占90%。竹子的营养价值不高，所以为了节省体能，大熊猫们会尽量减少运动量。在野外，除了睡眠或短距离的活动外，大熊猫们平均每天取食的时间长达 14 个小时，但它们几乎都在"家"的附近寻找，而不会走得太远。

大熊猫之间是怎么交流的？

虽然大熊猫总是自己在那吃或玩，但这并不代表它们不会交流，其实它们的交流方式很多。一般来说，大熊猫会将尿液涂在柱子、树桩、墙上，以及它们经常活动的地方，闻到气味的同类们可以通过气味来辨别对方的年龄、性别等。此外，它们还会通过各种各样的叫声和体态语言来表达情绪，甚至沉默也是一种交流方式。当大熊猫在玩，或是简单地表示友好的时候，不会发出声音。

▼ 大熊猫们在一起玩耍

神奇的动物王国

大熊猫也会"谈恋爱"吗？

　　大熊猫一向独来独往，可这不包括它们谈恋爱的时节。到了恋爱时节，雌雄大熊猫会通过气味标记逐渐约到一个地方，并通过叫声和肢体语言来表达爱意，而且通常是 2 ～ 5 只雄大熊猫向同一只雌大熊猫示爱，这就难免要引发一番搏斗，只有胜出者才能与雌性大熊猫成婚。

▼ 正在享受美味的大熊猫

树袋熊为什么不是熊?

树袋熊只是因为长得像熊,名字听起来也容易与熊类联系到一起,但是树袋熊却与熊没有任何血缘关系,它是袋鼠的近亲。而且,树袋熊是有袋类哺乳动物,熊则是有胎盘的哺乳动物。所以,树袋熊不是熊科动物,而且它们相差甚远。

▲ 三趾树袋熊在树上玩耍

树袋熊是怎么爬树的?

树袋熊的一生,大部分时间都在树上度过,它们从小就会通过一连串的跳跃来爬树,只有从树与树之间转移时才在地上行走。它们的前肢有强有力的爪子可以抓住树干,而且后脚的第二、第三趾间生有皮膜,使它在爬树时不会打滑,甚至不需要爪子也能抱着树干爬上爬下。树袋熊常以跳跃带动后肢向上爬,而下树的时候总是倒退着屁股先着地。

◀ 三趾树袋熊

哺乳动物篇

▲ 怀抱宝宝的树袋熊

树袋熊是怎么哺育幼崽的?

　　小树袋熊刚出生的时候比人的小手指还小,像条小爬虫,但是它能凭感觉爬进妈妈的育儿袋,寻找奶头,吮吸乳汁。6个月后,慢慢长大的小幼仔会长出绒毛,并能趴在妈妈的背上玩耍。而且,如果小家伙淘气不听话,妈妈就会轻轻拍打它的屁股。母子俩会一起生活很久,直到小树袋熊4岁的时候,它才会离开妈妈独立生活。

为什么树袋熊吃桉树叶不会中毒?

　　桉树叶中含有毒物质,为什么树袋熊不会中毒呢?这功劳要归于它的鼻子。树袋熊的鼻子特别灵敏,它能轻易地分辨出不同种类的桉树叶,并能分辨出哪些有毒而不能采食。如果万一误食也不用担心。树袋熊有着非常奇特的肝脏系统,能分离出桉树叶中的有毒物质。有了这双重保险,树袋熊当然可以尽情享受桉树叶的美味。

树袋熊赖以生存的桉树 ▶

▲ 飞速奔跑的猎豹

什么动物跑得最快？

　　猎豹跑得最快，而这要得益于它本身特殊的身体结构。①猎豹身形前高后低，腰身细长，可大大减少空气阻力。②猎豹四肢强壮，爪子下还有厚厚的肉垫，很适合疾速狂奔。③猎豹有强大的心脏、粗壮的动脉，以及特大的肺活量，能为它在短时间内提供足够的氧气。另外，猎豹长长的尾巴就像舵，能在它快速奔跑时，尤其是拐弯时，起到平衡的作用，使它不至于摔倒。

哺乳动物篇

松鼠的大尾巴有什么用？

　　松鼠能在大森林里自由跳跃、穿梭，除了因为它有一双强壮有力的四肢外，它的大尾巴也起了很大作用。当它的尾巴张开时，就像一个降落伞，可使松鼠安全落地；当尾巴翘起，又像小帆一样，可以帮助松鼠游水。晚上，松鼠睡觉时，毛茸茸的尾巴更像厚厚的棉被，为松鼠抵御寒冷。而在危机时刻，松鼠还能通过摇动尾巴，与同伴相互交流信息。

▼ 松鼠的尾巴很大

松鼠是怎么吃坚果的？

松鼠春吃树芽，夏吃蘑菇，秋天则最爱红松果仁，也就是松子。有意思的是，无论树木有多高，松鼠都能"口到食来"。它们会先将成熟的球果咬断落地，然后从树上下来，像灵长类动物一样，用前足扒开球果鳞片，咬碎种皮，取出松仁。更有趣的是，即便在松鼠受到惊吓时，它也不会轻易放下食物，而是叼着球果逃跑。

▲ 聪明的松鼠

为什么松鼠能找到埋藏的食物？

冬天的森林里很难找到食物，所以松鼠经常在秋天便开始储备粮食。它们把丰富的果实埋在地下，而且为了寻找食物方便，会选择多个洞穴存放，然后在洞口撒尿当作记号，这样即便冰雪覆盖，它们还是能毫不费劲地辨认出哪个是藏了自己食物的洞穴。

哺乳动物篇

▲ 松子——松鼠酷爱的食物

为什么长颈鹿的脖子那么长？

在很久以前，长颈鹿的脖子并不太长。后来，自然条件发生了变化，地球上的草越来越少，所以一些脖子较长的长颈鹿因为能吃到高大树木上的树叶而活下来，而脖子短的则因为吃不到食物饿死了。就这样，经过一代代淘汰，地球上只剩下脖子很长的长颈鹿了。后来，为了吃到更多的树叶，它们的脖子就长得很长，并把这个特点遗传了下来。

▶ 在优胜劣汰中，脖子长的长颈鹿生存了下来

为什么长颈鹿很少喝水？

长颈鹿身高腿长，四肢可前后左右全方位踢打，而且力量极大，倘若成年狮子不幸被踢中，会当场腿断腰折。但是，这也是长颈鹿饮水困难的原因。由于腿部过长，它们在饮水时，需要叉开前腿或跪在地上才能喝到水，这样就很容易受到其他动物的攻击。所以群居的长颈鹿往往不会一起喝水，甚至在树叶水分充足的情况下，可以一年不喝水。

◀ 长颈鹿喝水时，都是成群结队

长颈鹿为什么不叫呢？

长颈鹿为什么不叫？这与它特殊的声带有关。在它的声带中间有个浅沟，不太容易发声，而且，发声时需要靠肺部、胸腔和膈肌的共同作用，但由于长颈鹿的脖子太长，这些器官离得太远，叫起来会很费力气。所以，长颈鹿会叫，只是很少出声而已。

▲ 长颈鹿一直很安静，图为非洲乌干达大草原长颈鹿

为什么麋鹿又叫"四不像"？

麋鹿为什么叫"四不像"？原因很简单，它的角似鹿而非鹿，蹄似牛而非牛，身似驴而非驴，头似马而非马，所以人们叫它"四不像"。麋鹿是中国特产动物，和大熊猫一样珍贵。

▼ 麋鹿

哺乳动物篇

21

▲ 芬兰奥兰卡国家公园中的驯鹿

为什么雄驯鹿的角很大？

　　驯鹿无论雌雄都长着一对美丽的角，相比之下，雄驯鹿的角分叉众多。雄驯鹿角上最低的角枝向前突出，生成一个附加的角枝，这样有的角可超过 30 个枝叉。这么大的角对雄驯鹿有什么用？通常，在与同类的争斗中，角大而有力的鹿往往会占上风。所以，雄驯鹿长很大的角是为了"自卫"和"角斗"。

为什么说穿山甲是"森林卫士"？

穿山甲主要生活在林区，以白蚁为主食。一只成年穿山甲一天大约能吞食 10 万只白蚁，每年可以使百亩以上的马尾松不受白蚁危害。经过许多科学家观察发现，在 250 亩林地中，只要有一只成年穿山甲，森林就不会遭到

▲ 穿山甲

白蚁的危害。由此可见，穿山甲为保护森林、维护生态平衡起到了十分巨大的作用，无愧于"森林卫士"的称号。

为什么穿山甲穿山时不会受伤？

穿山甲原名叫鲮鲤，因为善于挖洞钻土，所以得了这样一个形象的名字。那么，穿山甲穿山为什么不会受伤呢？原因很简单。首先，穿山甲全身披挂着深棕色鳞片，看起来像一个大松球，这可以有效防止身体受到伤害。其次，穿山甲头部小而尖，像一个光滑的圆锥，能够减少阻力。有了这些条件，穿山甲穿再硬的山，也不会受伤了。

哺乳动物篇

穿山甲的武器是什么？

穿山甲四肢短粗，在地面上行走已经十分不便，更别提逃跑了。不过，幸好它有自己的御敌"绝招"。当面临危险时，穿山甲常常迅速地把身体卷成球状，而外露的坚硬鳞甲会让强敌无可奈何。假如在斜坡处，这个"球体"会迅速向下滚动，速度每秒可达3米多。此外，穿山甲还能从肛腺处分泌出难闻的分泌物，使敌人望而却步。

▼ 长尾穿山甲

为什么狼的眼睛在夜间会发光？

事实上，狼眼睛里的光并不是它自己放出来的。在狼眼睛的底部分布着很多特殊的晶点，这些晶点具有很强的反射光的能力。当狼在夜间活动的时候，晶点便把它周围非常微弱的、分散的光线聚合到一起，变成一束，然后再集中反射出去，看起来好像是狼的眼睛能放出光芒一样。

▲ 夜晚，狼眼放射着光芒

狼为什么在夜晚嚎叫？

狼经常在夜晚嚎叫，有时是一只狼长嚎，有时是整个狼群一起嚎叫。这是为什么呢？其实，狼在夜晚嚎叫，是通过这种方式呼唤伙伴、交换信息，如公狼唤母狼，母狼呼唤小狼。此外，也是为了把陌生的狼从自己的领地里赶走。所以，狼在夜里嚎叫，完全是出于实际的需要。

◀ 呼唤母亲的小狼

哺乳动物篇

25

神奇的动物王国

▲ 狼

狼为什么怕火？

　　一切动物都怕火，狼自然也不例外。实际上，在很早以前，人类也不擅长用火，而是在不断地进化演变中才逐渐控制火的。至于动物，它们因为始终无法理解火并运用它，所以对火的危险性十分恐惧，只能敬而远之。由于狼是与人类接触较为密切的动物，它们会本能地避开火。所以，久而久之，狼怕火的话就传开了。

狼为什么听到狗叫就藏起来？

▼ 狼是一种警惕性很高的动物

　　听到狗叫，狼会躲避起来，这是因为狼做事向来比较谨慎。一旦狼发觉自己的行踪被发现了，就自然有一种要隐蔽起来的反应。假设一只狼和一只狗在野外搏斗，多半狗是打不过狼的，除非是藏獒上场。所以，狼的退避是出于本性，它并不怕狗。

为什么狼群要争夺头狼的位置？

狼群中有着森严的等级制度，所以，只要超过五只狼的狼群，必然有只头狼。在狼群中，所有成年的公狼都能向狼王挑战，胜者就是新的狼王，败者会遭到驱逐。头狼是狼群的首领，能力最强，可拥有大多数母狼和先享用食物的权利。而当狼群遇到危险时，它会挺身而出，以维护狼群的威严。

▲ 狼是群居动物

为什么狼是生态平衡中必不可少的生物？

狼是人类的敌人，它常会攻击羊群，给人类的财产带来损失。但从生态平衡来说，狼又是一位不可缺少的朋友。因为狼是食肉动物，可以控制草食动物的数量，维护草原和森林生态平衡。而且狼追捕的多是老、弱、病、残动物，可清除草食动物中的低能者，提高种群素质。所以，在自然界中，狼不可少，否则就不是一个完整的生态系统。

哺乳动物篇

袋鼠靠什么保护自己？

　　袋鼠是可以站立的动物，当它受到攻击时，它的两条后腿和尾巴会呈三点着力支撑住身体，然后用前爪攻击对手，看起来就像拳击运动员一样。在野外，袋鼠被兽类追赶的时候，则会背靠大树，尾巴拄地，用有力的后腿狠狠地踢跑对方。袋鼠腿部的力量很大，所以能够保护自己不受伤害。

▼ 袋鼠具有很强的攻击性，图为纹兔袋鼠

"狐"和"狸"是同一种动物吗?

人们总是习惯把狐叫作狐狸,其实狐和狸是两种动物。狐长得像狗,长着浓密的毛和长尾,耳朵很尖。而狸的外貌很像狐,

▼ 狐狸

尾巴较短,嘴略圆,皮毛多为棕灰色,两颊横生着长长的毛。简单说,"狐狸"是民间对这一类动物的通称,其中包括了赤狐、北极狐、石狐和沙狐等多种动物。

为什么狐会放屁?

▼ 红狐狸

狐的尾巴下面有一个臭腺,这是狐进攻和防御中最强的化学武器。通常,当狐被猎狗追得喘不过气时,这种武器就派上用场了,也就是大家经常说的"狐狸会放屁"。狐释放出来的这种臭味可以使猎狗当场瘫痪,嗅觉失灵,而且这样的效果能持续1个小时,这足以让狐逃出包围圈,脱离危险。

哺乳动物篇

为什么很难捉到狐狸?

狐狸小巧灵活,行动速度快,而且十分懂得如何以最小的代价做最完美的事。它们不怕猎犬,能够利用结薄冰的河面,设计诱猎犬落水。如果看到河里有鸭子,狐狸会故意抛些草入水,当鸭子习以为常后,便在草的掩护下潜下水,找机会捕食。此外,狐狸的巢穴有许多入口,越里面越迂回曲折,这也充分显示了狐狸是一种智商很高的动物。

为什么狐狸怕抓尾巴?

狐狸的尾巴很长,一般相当于其身体长度的80%。从某种程度上来说,尾巴可是狐狸的命根子,它能在奔跑时做平衡器,在受到攻击时当挡箭牌,到了睡觉时还能当一条毛褥子铺。因而,狐狸不允许自己尾巴受到任何伤害,而一旦不慎被抓住了尾巴,也会乖乖地,不敢轻举妄动,因为保住尾巴比任何事都重要!

◀ 北极狐

▲ 一只逃跑的狐狸

为什么说红狐最狡猾？

红狐生性多疑，每次行动前都会先仔细观察周围的环境。万一不小心遇到敌害，它也有办法脱身，比如分泌出几乎能令其他动物窒息的"狐臭"，通过窜进羊群中、跳到河里隐藏等方法摆脱危险等。如果被猎人捉住，红狐还有一套"装死"的本领，可以暂时停止呼吸，任人摆布，而乘人不备时，再突然跳起逃走。这些行为都是红狐狡猾的证据。

红狐为什么能报警？

红狐靠什么给同伴发送警报呢？原来，在红狐的肛部两侧各生有一个腺囊，能释放出奇特的臭味。假如一只狐狸在路上遇到猎人在设置陷阱，它会偷偷地跟在后面，等猎人设计完离开后，它则在陷阱周围留下一股奇特的臭味。这股味道就是警报，能让同伴们提高警惕，以防被害。

哺乳动物篇

▲ 猴子天生好动，图为环尾狐猴

在猴群中怎么分辨猴王？

在猴群中，并不是谁最大谁就能称王，而是需要经过残酷的争夺。猴王是猴群中的最强者，拥有绝对的权威，享受最好的食物，同时受到其他猴子的恭敬。所以，在一群猴子中，头部昂起，尾巴高翘的就是猴王。在有食物时，猴王是第一个吃的，其他的猴子都不敢来争食，直到猴王吃饱以后，其他的猴子才敢进食。

猴子为什么喜欢给同伴"捉虱子"？

在动物园里，我们常常看到猴子之间相互"捉虱子"，其实它们不是"捉虱子"。猴子出的汗水里含有盐分，当汗水挥发后，这些盐分就同皮肤和毛根上的污垢结合成盐粒。所以，看起来像是在"捉虱子"的猴子，其实是在吃盐粒。

为什么猴子吃东西不咀嚼？

　　猴子吃东西总是很着急，看起来像没怎么嚼就吞下去了。其实，猴子只是把食物暂时存放起来，并没有直接吞下去。猴子口腔两侧有一个颊囊，就像个口袋一样可以存储食物。当把颊囊装满，猴子就会躲到一个安全的地方，把食物吐出来，再慢慢咀嚼。

▲ 不是所有的猴子屁股都是红色，图为白臀叶猴

为什么猴子屁股是红的？

　　猴子的屁股天生就是红色的，这是因为猴子屁股部位的血管比较密集的缘故。猴子小的时候，屁股的红色较淡；当它们长大后，屁股的颜色会越来越红。而当猴子老去时，屁股的颜色又会转淡。所以，我们可以通过猴子屁股红色的深浅来分辨它们年龄的大小。

哺乳动物篇

吼猴为什么是个大嗓门？

吼猴之所以嗓门大，全靠它喉咙里的特殊结构。吼猴的下颌特别大，脖子非常粗，口腔也很大。不仅如此，它的喉咙中有一种奇特的舌骨器官——盒式共鸣器。当吼猴收缩胸部肌肉，压出空气，就可以通过共鸣器上端的一个口，发出雷鸣般的吼声。它们常常靠这种吼声警告同类不要超过边界。

为什么说蜘蛛猴有五只"手"？

蜘蛛猴的第五只"手"就是尾巴。它的尾巴一般长80厘米左右，比它的四肢还要长，而且异常敏感。它可以像手一样灵活地采摘和拾取食物，甚至能够捡起花生一样大小的东西。尾巴上没有毛，但有许多的褶皱，这可以帮助蜘蛛猴攀缘，并能让猴子像灯笼一样悬吊在空中，即便睡着了也没关系，因为尾巴绝不会脱落。这就是蜘蛛猴的第五只"手"，是不是很神奇呢？

◀ 与蜘蛛猴一样，指猴也是长相比较特殊的猴类，据说在夜晚它们的眼睛能发出幽光

猫的胡须有什么用？

▲ 猫

　　猫的胡须根部布满神经，非常敏锐，不但能察觉轻微的动静，连气流、风向都能知道。而且对猫来说，胡须还是一把"活"尺子，可以帮助它判断自己所在的场所及位置，并能测量老鼠的洞口大小等。如果把猫胡子剃光，它就会变得呆傻，像盲人丢了拐棍一样，很难捉到老鼠了。

狗的鼻子为什么特别灵？

▼ 狗的鼻子很灵敏

　　狗的鼻子特别灵，这主要是因为狗鼻子的构造比其他一些动物的鼻子构造复杂。狗的鼻尖里藏着一个叫"嗅黏膜"的器官，上面分布着上亿个嗅觉细胞，这使狗能辨别出上千种不同的味道。同时，这些黏膜还能分泌一种黏液，对嗅觉细胞起到滋润作用，使其一直保持灵敏度。当狗生病时，它的鼻子就会发干，这时嗅觉就不那么灵敏了。

哺乳动物篇

狗为什么有时会吃草？

狗的肠胃结构与人的不同，这是狗吃草的重要原因。狗的胃很大，约占腹腔的 2/3，但它的肠子很短，所以狗基本上是用胃来消化食物和吸收营养的。对于狗来说，肉食容易消化，而像树叶、草等有"筋"的东西不易消化。它的目的不是为了充饥，而是为了清胃。当狗感到消化不良、胃里发热时，就会吃草。

狗为什么总爱摇尾巴？

狗尾巴的动作是一种"语言"，可以表达它的情绪。狗只对有生命的物体摇尾巴，这就相当于人类的微笑。当狗把尾巴翘起时，说明它很开心；当尾巴下垂时，就意味着危险；而尾巴夹起，则表示害怕。如果狗迅速水平地摇动尾巴，那就是表示友好的意思。其实，狗只对亲近的人摇动尾巴，这也代表了一种信任。

◀ 正在表演的可爱小狗

狗为什么能听到极小的声音？

狗的听觉十分发达，是人听觉的 16 倍。它可以听到极细小的声音，而且对声源的判断能力特别强。当狗听到声音时，由于耳与眼的交感作用，所以完全可以做到眼观六路、耳听八方。晚上睡觉时，狗的耳朵也保持着高度的警觉性，能对 1 千米以内的声音做出准确判断。

为什么狗要把食物埋在土中？

狗有储存食物的习惯，这种习惯是从它的祖先那里遗传下来的。狗的祖先是野生食肉动物，主要以兔子等草食动物为食。有时候，它们会因为捕捉不到小动物而挨饿。因此，它们逐渐养成了储存食物的习惯，即把吃不完的食物埋进土里，等食物不足的时候再拿出来吃。

哺乳动物篇

为什么猪特别爱拱泥土？

　　家猪是由野猪驯化而来的。野猪喜欢吃植物长在地下的块茎，所以每次都得用它们那又长又坚硬的鼻子把泥土拱开。今天的家猪虽然不用自己找食物了，但却把这种拱地觅食的习性保留了下来，没事也爱拱泥土。猪鼻子是猪的嗅觉器官，能帮助它们寻找到需要的食物。

▲ 雄野猪有锋利的牙齿

猪为什么爱睡觉？

　　猪为什么爱睡觉呢？这是因为猪的大脑里相对较多地含有一种物质，叫作内啡肽，具有麻醉作用。再者，猪是特别怕热的动物，所以不爱运动。在这两个因素的影响下，猪看起来就是很爱睡觉的样子了。

▲ 野猪崽

猪为什么看不到蓝天？

　　猪抬不起头，不能像一些其他动物那样看到蓝天。这听起来是不是很有意思？猪的前额非常厚，挡住了它的视线，所以它只能向前看。另外，猪的颈椎是直的，肉又厚又多，所以它根本抬不起头来。

野猪的长鼻子有什么用？

　　野猪的身材矮胖，头颈又短又粗，但鼻子很长。因为鼻子长，野猪不用弯腿就能嗅到土中的食物，而且能用来挖掘洞穴或推动 40～50 千克的重物，或者当作武器，格外坚韧有力。不但如此，野猪的嗅觉还特别灵敏，可以轻松分辨食物是否成熟。由此看来，野猪的长鼻子用处真不少呢！

野猪的嗅觉非常灵敏 ▶

哺乳动物篇

39

为什么豪猪会长刺？

　　豪猪体形有一个最大的特点，那就是背上和尾部具有尖锐如针的刺。其实，这些刺全部是由毛进化而来的，是为了适应环境而改变的结果。豪猪的刺与一般的刺不同，它的刺末端带有倒钩，所以如果刺入敌人的身体，敌人越动刺得就会越深，严重时会被刺死。豪猪的刺是其进行自我保护的最佳武器。

▼ 豪猪的身上长满刺

▲ 角马

马为什么站着睡觉?

家养的马都是由野马驯化而来的，它站着睡觉是继承了野马的生活习性。野马是生活在草原上的食草动物，由于身材较大，又没有尖利的牙齿和脚爪，常受到食肉动物的威胁。所以，它们从不躺下睡觉，而是像白天那样昂着头站着睡。这样一旦有猛兽袭击，它们就能迅速做出反应，及时逃跑。马在累了休息时，只要低头闭眼就可以打一会"瞌睡"。

马的耳朵为什么时常摇动?

耳朵是一种听觉器官，但马的耳朵除了听声音以外，还可以表达不同的情绪。如马高兴时，耳朵一般会垂直竖起，耳根有力微微摇动；当疲劳时，耳根显得乏力，耳朵会向前方或向两侧倒；而当马的耳朵不停地摇动时，说明它很生气。所以，通过看马耳朵的变化，我们可以了解马的心情好坏。

◀ 普氏野马——传说中的天马

哺乳动物篇

马的脸为什么那么长？

　　一提到马，人们很容易联想到它的长脸。实际上，马的脑袋并不长，只占脸的 1/3 左右。马的嘴却很长。所以，与其说马长着一张大长脸，不如说它有着一张大长嘴。那么，马嘴为什么长得这么特别呢？原因很简单，马不能像牛那样反刍，它的大嘴巴就像个长方形箱子，可以将草收集起来，以便大口地吞食。此外，由于嘴很长，当它把嘴埋进草丛时，即便不用抬头，也能眼观六路、耳听八方。

为什么斑马的斑纹很重要？

　　斑马生活在非洲的草原上，以草为食，但经常遭到狮子等肉食动物的追捕、残杀。幸运的是，斑马身上有黑白条纹，看上去好像穿了一件"迷彩服"，使它很容易与周围的树叶影子混在一起，不易辨认。可以说，身上的斑纹是斑马的一种保护色，能帮助斑马躲避敌害。

▼ 斑马

老鼠为什么啃木头？

▲ 小白鼠

一般来说，无论人和动物，牙齿长到一定长度就不会长了，但老鼠的牙齿却不一样。老鼠的牙齿没有牙根，如果不进行控制，就会无限生长下去，而当牙齿长到一定长度时，就会严重影响生存。所以，老鼠时常啃咬木头等比较硬的东西，目的就是把过长的牙齿磨短。

为什么老鼠的尾巴特别重要？

每个人都知道，老鼠长着一条长长的尾巴。那么，老鼠的尾巴有什么用呢？①保持平衡。②协助攀爬。尾巴可以帮助老鼠缠绕在物体上。③救生。当老鼠掉入深坑时，同伴可以衔住它的尾巴使它脱离危险。④散热。老鼠的尾巴基本都是裸露的，具有良好的散热功能。⑤取食。老鼠可以利用尾巴蘸取一些液体食物进食，如糖水、豆油等。

哺乳动物篇

▲ 老鼠

金仓鼠怎样把食物带回家？

　　金仓鼠就像缩小版的袋鼠，它们以收集种子和其他植物为食。其实，金仓鼠的两颊皮肤疏松，被称为颊囊。它们通常把食物装在颊囊中带回洞里，然后再从自己的"食物仓库"中吐出来，就像人们用手提袋装东西一样，十分有趣。

驴为什么喜欢在地上打滚？

　　驴经常在地上打滚，是因为驴身上有寄生虫。所以，当它休息时，就会在地上打打滚，这样就可以蹭掉身上皮毛里的寄生虫，抓一抓痒痒。再者，劳累一天后，在地上打打滚可舒筋活血解乏，是恢复体力的好办法。

▼ 叙利亚野驴

▲ 原牛是家牛的祖先

为什么牛的嘴巴一直嚼东西？

　　牛有四个胃，很难相信吧！牛吃草的时候，通常都不嚼碎就吞下去，食物首先到达第一个胃里，然后浸软后被转到第二个胃中加工成小团。之后，牛会把食物返回嘴里再次咀嚼，最后进入第三、第四个胃中充分消化。这种现象被称为反刍，是牛对自然环境的适应，有助于它们在野外快速进食，然后躲到安全的地方慢慢消化。

为什么牦牛被称为"高原之舟"？

▼ 牦牛

　　牦牛是我国青藏高原的特产，是高原上的重要运输工具。在夏天，牦牛大多在海拔五六千米高的山顶荒凉地带活动，冬季则下到海拔二三千米以下的草地雪原寻找食物。由于它们性情温顺、勤劳肯干，能背负重物翻山越岭、爬坡攀岩，灵活得就像船儿在水中漂游一般，所以就有了"高原之舟"之称。

为什么兔子的耳朵特别长？

◀ 野兔

　　兔子是弱小的动物，为了躲避凶猛的敌人，它必须有灵敏的听力。兔子经常会竖起耳朵，随时聆听来自四面八方的声音。久而久之，兔子的耳朵就变得特别长了。最重要的是，兔子的听力十分灵敏，一般当声音从远处传来时，兔子的大耳朵会把声波收集起来，传给耳孔里的鼓膜，因此它总能在敌人捉它之前跑掉。

为什么白兔的眼睛是红色的？

兔子眼睛的颜色与它们的皮毛颜色有关。一般来说，黑兔子的眼睛是黑色的，灰兔子的眼睛是灰色的，白兔子的眼睛是透明的。为什么我们看到白兔眼睛是红色的呢？这是因为白兔眼睛里的毛细血管反射了外界光线，所以透明的眼睛就显示成红色。

▲ 小兔子

为什么雪兔的毛会变色？

雪兔生活在寒冷地区，为了能够隐蔽一些，躲避天敌，雪兔的毛色总随着季节的更替而改变。夏天是棕色，冬天时，除了耳朵尖上是黑色的，全身其他地方都会变成雪白色。

◀ 兔子的脾气很温和

北极熊为什么不怕冷？

　　北极熊不怕寒冷，是因为它们有多重保暖措施：①皮下有厚厚的脂肪层。②身上的白毛是中空的，能够吸收太阳的热量，而且白毛下的皮肤是黑色的，可最大限度利用太阳热量。③毛很长，且被一层油脂覆盖着，既保暖，又防水。④脚掌上长有厚毛，既防滑又隔凉。⑤北极熊很挑食，尤其是冬天，常以猎物的脂肪为食。⑥当北极进入极夜时，北极熊便开始冬眠。

▼ 北极熊

▲ 棕熊

为什么说棕熊很笨？

棕熊的笨，是出了名的。有研究发现，熊在捕食的时候，如果碰巧遇见一窝小动物，它会一个接一个地捉来往腋下塞，尽管塞了后一个掉了前一个，它还是我行我素。所以，这些小动物中，倒霉的总是最后一个，只有它，会真正成为棕熊的点心。

熊为什么喜欢吃蜂蜜？

熊属于杂食性动物，能吃的东西种类非常多，如昆虫、鱼类、鸟卵，以及植物的根、叶、果实等，而蜂蜜则是它们最爱的甜点。当熊看见野生的蜂窝，会马上撕开来吃里面的蜜。由于它的脂肪层很厚，再加上全身有长而密的毛保护着，所以并不怕蜜蜂螫它。为了吃蜂蜜，熊常在半夜侵袭蜂窝，盗取蜂蜜。

▲ 黑熊正等待着逆流而上的大马哈鱼

哺乳动物篇

▲ 北极熊一家

熊为什么要冬眠？

　　在动物界中，缺乏食物是动物冬眠的主要原因，熊也一样。如果食物充足，许多熊都不会冬眠，反而会整个冬天都在狩猎。然而，冬天食物很难充足，所以熊不得不躲在洞中。一般小型哺乳类动物在冬眠时体温会急速下降，但熊的体温只会下降约 4℃，不过心跳速率会减缓 75%。一旦熊开始冬眠，它体内储存的脂肪就会转变成为它的能量来源。

骆驼为什么不怕渴？

在沙漠里，骆驼可以十天半个月不用喝水，因为在干旱条件下，它们具有防止水分散失的特殊生理功能。首先，骆驼鼻子内层呈蜗形卷，夜间可以从呼出的气体中回收水分，并且它不轻易张开嘴巴。再者，骆驼排水少，夏天一天仅排尿1升左右，而且在体温达到40℃时才会出汗。所以，骆驼不怕渴。

▲ 双峰骆驼　　　　　　　　　　　　　　　　　　　　▲ 单峰骆驼

骆驼背上的驼峰有什么用？

骆驼的驼峰是骆驼体内的"食品储藏柜"。在沙漠里，骆驼可以不吃不喝连续行走两个星期，就是多亏了驼峰。在食物和水源都比较少的时候，骆驼可以靠消耗积聚在驼峰中的脂肪来维持生命。换句话说，如果没有驼峰，没有事先存贮的脂肪，骆驼在沙漠中很快就会饿死或渴死。

哺乳动物篇

为什么骆驼不怕风沙？

沙漠环境恶劣，使很多动物难以生存，但骆驼是个例外。①骆驼的耳内密存着短毛，可以阻挡沙尘进入耳朵。②骆驼有双重眼睑和浓密的长睫毛，可防止风沙进入眼睛。③骆驼的鼻翼能自由开关。④骆驼脚上还有宽厚的肉垫，可以防止在沙地上下陷。这些"装备"都是骆驼不怕风沙的原因。

骆驼为什么被称为"沙漠之舟"？

骆驼是沙漠里的重要交通工具。在沙漠里，骆驼虽然走得慢，但可以驮很多东西，而且它能知道地下水源的位置。遇到沙尘暴天气，它不仅能分辨方向，不会迷路，还能在大风袭来时，跪在地上保护主人。骆驼体格大，皮毛厚实，即便在寒冷的冬天也不用休息。它为人们运送货物，被人们看作是渡过沙漠之海的航船，故给了它"沙漠之舟"的美誉。

▼ 撒哈拉沙漠中的骆驼商队

为什么河马的五官都长在头顶？

　　河马有厚厚的皮下脂肪，耳朵和眼睛能自动关闭，所以它可以毫不费力地浮在水面上及潜入水中。而且，如果河马不泡在水中，时间一长，它的皮肤就会干裂。所以，河马经常白天泡在水里，晚上天气凉快了，才上岸睡觉或者找食物吃。河马虽属于陆地动物，但白天却喜欢泡在水里，所以眼睛、鼻子和耳朵几乎都长在头顶上。这样在水里时，它只要稍稍露出脑袋，感觉器官就可以露出水面，不但可以隐藏自己，还能观察周围的动静。

河狸为什么是"野生世界的建筑师"？

　　河狸生活在河边，是一种穴居动物。它们的家庭观念极重，常花费大量时间用来精心设计和建造自己的家。除了人类，它们是以自己的建筑对环境产生影响的唯一的动物。但是，与人类居住环境不同，河狸所创造的是一个可持续发展、潜力更大的世界。在建筑巢穴时，它们会筑起小水坝，并在水坝四周围起静水区。除了休息，巢穴也是河狸觅食的场所。

▶ 河狸正在吃松子

为什么蝙蝠不是鸟？

▼ 蝙蝠

蝙蝠不是鸟，是哺乳动物。蝙蝠和鸟类的主要区别在于：①鸟产卵，用卵孵出小鸟。蝙蝠是胎生，小蝙蝠是吃母乳长大的。②鸟有羽毛，蝙蝠身上则是长了一层细细的软毛，和哺乳动物身上长的皮毛一样。③鸟有翅膀，靠翅膀飞行；蝙蝠有和哺乳动物一样的四肢，它会飞是因为前肢、后肢和尾巴之间有一层薄薄的翼膜。蝙蝠是唯一会飞行的哺乳动物。

蝙蝠睡觉为什么倒挂着身子？

蝙蝠具有又宽又大的翼膜，并且连接着它又短又小的后脚。当蝙蝠落在地面上时只能伏在地上，它不会站立和走路，也不能展翅飞翔。所以，蝙蝠睡觉的时候会倒挂着身子，这样在遇到危险的时候，它就可以灵活起飞。另外，冬天时，以这种倒挂的姿势进入冬眠，可以减少与冰冷的顶壁的接触面积，而它的翼膜把头包起来也可以取暖。

蝙蝠为什么喜欢在夜间活动？

　　首先，蝙蝠宽大的翅膀上没有毛，如果白天活动，会被太阳晒干。再者，蝙蝠善于在夜间飞行，因为它们可以靠听力来辨别方向。在飞行的时候，蝙蝠喉内可产生一种超声波，当超声波遇到昆虫或障碍物而反射回来时，蝙蝠就能够用耳朵接收信息，并能准确判断探测目标是昆虫还是障碍物，以及距离它有多远。

▼ 夜间出来捕食的黄蝙蝠

吸血蝙蝠为什么会吸血？

　　吸血蝙蝠非常恐怖，除了嗜血以外，它不吃任何别的东西。当饿了时，它会很小心地飞到袭击对象跟前，在天空盘旋观察，寻找下手机会。它的对象往往是熟睡者，而受害者的裸露皮肤就是它下嘴的地方。吸血蝙蝠每次吸血时间大约10分钟，最长可达40分钟，最多可吸200毫升血，相当于它体重的2倍。

哺乳动物篇

▲ 如今，只有在夏威夷才能看到僧海豹的身影

海狮和海豹有什么区别？

　　海狮和海豹十分相似，但是想要区别它们也很容易。其中，最简单的方法就是看是否有外部听觉器官。海狮有耳瓣，海豹仅仅只有内部听觉器官，它唯一的标记是外部有一个不显眼的小口子。此外，海狮通过拍打长长的胸鳍来游泳，而海豹则通过摆动其后肢来推动身体前进，就像鱼一样。在陆地上，海狮的后肢能够用来行走，海豹只能用前肢拖着身体移动，仿佛是一只巨大的毛毛虫。

为什么说海豹是"潜水高手"？

海豹拥有流线型的身体，以及灵活的鳍肢，能够在水中随意改变游动的方向。更厉害的是，它能靠屏住呼吸和减慢心跳来节省氧气潜入海中，时间能达到 70 分钟，深度能达到水下 1000 米或更深的地方。有生物学家对此进行了研究，结果发现，海豹血液的贮氧量远远大于人体内血液的贮氧量，而且海豹的肌肉也能储存氧气。所以，海豹能长时间潜入海中而不换气。

▲ 海豹在水中潜泳

群居的海狮靠什么找到自己的孩子？

海狮在陆地上生产，生完孩子的海狮妈妈为了补充体力需要返回海中，而把幼小的孩子留在海滩上。那么，海狮妈妈回到岸上后，怎么知道哪只小海狮是自己的孩子呢？其实这个一点都不用担心。

虽然刚出生的小海狮很弱小，身长不足 1 米，但它们能发出一种叫声。通过这种独特的叫声，海狮妈妈就会准确无误地认出自己的孩子。

◀ 两只走向海滩的海狮

哺乳动物篇

为什么说海狮是动物界的"记忆大师"？

人们一向认为大象有着其他动物无法比拟的记忆力，而美国科学家的最新研究发现，海狮才是动物界中的"记忆大师"。在测试中，一只海狮能在众多陌生字母中找出与训练员手中字母相同的字母，而且测试前后间隔了十年，海狮依然准确无误地完成任务。由此，科学家们认为，海狮拥有着极为惊人的记忆能力。

为什么海象的牙很长？

海象，即海中的大象，但是它不能像大象那样步行于陆上，而是靠后鳍与长牙的共同作用才能在冰上匍匐前进。海象无论雌雄都长着长牙，这是因为除了协助行走，海象的长牙还能作为武器防御敌人，保护幼象，能作为挖掘海底食物、凿开冰面的工具等。可以说，海象的牙是一种"特殊工具"，是海象生存必不可少的"帮手"。

▼ 海象

为什么海象的皮肤会变色？

▲ 在岸上休息的海象

在通常情况下，海象在海水中活动时，皮肤是灰褐色的，可是当它爬上陆地晒太阳时，它的皮肤会变成玫瑰红或紫红色。这是为什么呢？原来经过太阳的长时间照晒，海象的血液循环加快，静脉血管渐渐扩张，所以皮肤就从褐色变成红色了。

传说中的"美人鱼"真的存在吗？

传说中的美人鱼就是海牛，它与人有许多相似之处。它有力气，能够站立在海洋中；它的乳头位于前肢根部的地方，当哺乳时，与人类哺乳孩子十分像。再者，海牛有两个外鼻孔，而且具备了关节，能灵活地运动前肢。所以，当海牛从波涛汹涌的大海中探出半身时，那优美的姿态就像是人在游泳。由此，便有了"美人鱼"的称号。

▶ 在水中漫游的海牛

哺乳动物篇

抹香鲸为什么能产龙涎香？

　　抹香鲸是大型齿鲸，最喜欢吞吃章鱼、乌贼、锁管等动物，但章鱼类动物体内坚硬的"角喙"是它无法消化的。于是，在千万年的进化中，抹香鲸逐渐适应了这种"饮食"习惯。抹香鲸的胆囊能够大量分泌胆固醇，当胆固醇进入胃内，会将这些"角喙"包裹住，从而就形成了罕见的龙涎香。之后，抹香鲸缓慢地从肠道内把龙涎香排出体外，稀世香料就这样诞生了。

▲ 在深海中潜泳的抹香鲸

为什么抹香鲸能潜入深海？

　　抹香鲸通常生活在远离海岸的深海中，因为它们十分擅长潜水。抹香鲸每秒钟可下潜 170 米，最深可潜 2200 米，而且它们既能迅速下潜，骤然上浮，又可以在这么深的范围内上上下下潜游 1 小时之久。经研究人员发现，抹香鲸之所以具备这样强大的功能，是由于它们在潜水时，胸部和肺部随外界压力增大而收缩的结果。

须鲸为什么没有牙齿？

须鲸的鲸须其实就是变异的牙齿。须鲸的主要食物是磷虾，不需要咀嚼。在吃东西时，它们会先喝一大口含有小鱼、小虾的海水，然后闭上嘴巴，将海水排出去，而那些小鱼虾则被这鲸须板挡住，进入它们的肚子里。在这个过程中，鲸须的主要功能是从海水中过滤出磷虾，对于须鲸来说，这相当于是起到了牙齿的作用。

▲ 在海中翻腾的鲸

为什么说鸭嘴兽是哺乳动物？

我们知道，哺乳动物的显著特点就是胎生哺乳和体表有毛发。但是，你听说过卵生的哺乳动物吗？鸭嘴兽就是卵生。刚孵出的小兽体表上有毛，吃母乳长大。根据这两个特点，鸭嘴兽被归入哺乳动物的行列。至于它为什么能生蛋，则认为是它在向哺乳动物进化过程中，保留了它的祖先——爬行动物的某些特点。

◀ 鸭嘴兽

哺乳动物篇

海豚为什么会救人？

　　海豚之间常互相帮助，如果发现同伴在水下受到窒息和死亡的威胁时，必然会赶去营救，并把受难者托出水面，使它打开喷水孔，完成呼吸动作。它们的这种行为不仅对于同类，对于人甚至无生命的物体，也会产生同样的推逐反应。所以，海豚救人是由泅水反射引起的一种本能。

▼ 海豚同类之间的关系非常好

为什么海豚游得非常快？

　　海豚的身体呈流线型，这可以有效减少阻力，使它游得快。不过，使海豚快速游动的主因还是它独特的皮肤构造。游泳时，海豚的整个皮肤能够随着水流做起伏运动，这样便能消

▲ 海豚游动起来非常轻快迅速

除高速运动时产生的涡流，从而使阻力大大下降。所以，海豚能轻而易举地将其他海洋动物，以及普通轮船抛在身后，有时速度能达到 40 ～ 60 千米／小时。

为什么海豚不睡觉？

　　海豚的睡眠是独一无二的。在睡觉时，海豚的大脑两半球可以处于不同的状态之中。也就是说，当海豚的一个大脑半球处于睡眠状态时，另一个却在清醒中。而每隔十几分钟，它们的大脑两边的活动方式会变换一次，很有节奏性。所以，海豚可以终生不眠不休，被称为"不眠的动物"。

◀ 两只海豚腾空跃起

part 2

昆虫篇

苍蝇为什么喜欢搓脚？

　　苍蝇搓脚是一种保洁行为。由于苍蝇常在脏乱的环境中起落，脚上难免会沾着许多如食物残渣类的东西，这些东西越积越多，不但会影响苍蝇的飞行、爬行，还会使它脚上的味觉器官失灵。所以，苍蝇经常搓脚，目的就是搓掉脚上的东西，使脚清洁，保持它飞行、爬行的速度及味觉的灵敏性。

蝗虫为什么喜欢成群结队？

　　成群结队是蝗虫们的生活习惯。由于蝗虫对产卵地的要求比较高，对土质、阳光和温度的要求十分苛刻。所以，通常在一个条件较适合的地方会集中着大批的蝗虫卵，幼虫孵化出来时就是聚集在一起的。另外，蝗虫需要保持较高的体温，它们只有彼此离得近一些，才能少散失一些热量，并可以相互补充热量，不致因周围环境温度的下降而丧失身体的活力。

▼ 蝗虫

"油葫芦"的名字是怎么来的?

"油葫芦"又名结缕黄、油壶娄。由于其全身油光锃亮,就像刚从油瓶中捞出似的,又因其鸣声好像油从葫芦里倾注出来的声音,还有,它的成虫爱吃各种油脂植物,如花生、大豆、芝麻等,所以得"油葫芦"之名。

"油葫芦" ▶

世界上益虫多,还是害虫多?

▼ 螳螂是田间和林区内害虫的克星,其捕食时所用时间仅有 0.01 秒。图为兰花螳螂

比起别的动物来,昆虫是微小的,但是其对于人类的影响却一点儿也不小。人类赖以生存的土地上生长着茂密的庄稼、树木和花草,而昆虫中的益虫和害虫就围绕着这些植物激烈地对抗着。害虫以农作物为食,益虫便以害虫为食,从而保护植物的生长,维持着自然界的生态平衡。如果在自然界害虫比益虫多的话,那么它们对植物的伤害就会难以控制,自然界的生态平衡就会遭到破坏。所以,千百年来,世界上的益虫比害虫要多。

昆虫篇

甲虫对植物有什么帮助？

甲虫是昆虫中最古老的类型，它繁盛于上侏罗纪或下白垩纪。那时高等植物尚未出现，膜翅目和鳞翅目昆虫亦未出现，甲虫是地质史上最早的传粉昆虫。

▲ 甲虫与植物有着千丝万缕的联系

甲虫原始型的口器，适宜给一些花大而平展（蝶形或碗状的花）、较原始类型的植物传粉，它们具有较强的气味吸引着甲虫。例如：番荔枝科的花所释放的果香味，夏蜡梅属花溢放的发酵味，壳斗科一些植物释放的氨基酸味。靠甲虫传粉的植物有木兰属、亚马孙王莲和若干分布于热带亚热带的壳斗科树种。趋臭、趋腐性甲虫还为花能溢放腐臭味的植物传粉，如巨型魔芋。

甲虫主要采食花粉，少数亦食花蜜。热带植物油棕利用甲虫传粉，能显著增产。

为什么雌螳螂会吃雄螳螂？

雌螳螂在交配之后要吃掉雄螳螂，这看起来是很残忍的一件事，但实际上却另有原因。雌螳螂交配之后，急需补充大量营养，以满足它腹中卵粒的成型，以及制作将来产卵时用来包缠卵粒的大量胶状物质。因此可以说，雄螳螂是用自己的生命换取子女的生命。

蟑螂为什么灭不完？

　　蟑螂是这个星球上最古老的昆虫之一，曾与恐龙生活于同一时代，它的进化发展远比人类久远。蟑螂能适应各种生活环境，有些种类的蟑螂非常适应人类住宅，它们几乎是什么东西都吃，包括厨房的残羹剩饭和丢弃物等。另外，蟑螂有着惊人的快速繁殖能力，这些都是它们能够存活至今乃至灭不掉的原因。

▼ 蟑螂

▲ 屎壳郎，学名蜣螂

屎壳郎为什么滚粪球？

　　屎壳郎滚粪球可不是在闹着玩的，它们是在为后代贮备养料。每到夏、秋季节，屎壳郎就开始滚粪球，滚到相对安全的地方后，就把粪球安置到土中。随后，雌性屎壳郎就在粪球上产卵，然后再把粪球周围的土压紧。这样，卵在孵化出幼虫后，就以现成的粪球作为食物。

昆虫篇

▲ 蝉

蝉为什么爱撒尿？

蝉靠吸食树的汁液为生，当它吸入大量树的汁液后，身体会变得特别笨重，影响飞行。所以，当它们怕被人捉住时，就不得不排泄出许多液体，让身体变轻而飞走。这就是蝉会撒尿喷人的秘密。此外，雌蝉没有发声器，所以我们听到的蝉叫，都是雄蝉发出来的。

为什么蟋蟀叫个不停？

蟋蟀的发声结构很简单，是靠翅膀的摩擦来发音。在雄蟋蟀的前翅上，有旋涡纹状的翅膜。一边翅膀长着锉刀状的翅膜——弦器，另一边翅膀长着较硬的翅膜——弹器。当这两种发音器相互摩擦，就能发出声音。所以，蟋蟀能一天到晚鸣叫不停。

蟋蟀常常在夏天放声高歌 ▶

▲ 蟋蟀的后腿格外强壮

蟋蟀为什么爱打架?

蟋蟀属于昆虫纲直翅目,它口器硕大有力,后腿发达,因此天性好斗;其中尤以米卡种斗蟋蟀最为好斗。它们打架的目的有很多,比如争夺食物、巩固地位或占有雌性。通常,蟋蟀相遇会用触角辨别对方,如两雄相遇必然会露出两颗大牙,一决高下。

为什么蝼蛄是害虫?

蝼蛄为多食性害虫,喜食各种蔬菜,对蔬菜苗床和移栽后的菜苗为害尤为严重。蝼蛄成虫和若虫在土中咬食刚播下的种子和幼芽,或将幼苗根、茎部咬断,使幼苗枯死,受害的根部呈乱麻状。蝼蛄在地下活动,将表土穿成许多隧道,使幼苗根部透风和土壤分离,造成幼苗因失水枯死,缺苗断垄,严重的甚至毁种,使蔬菜大幅度减产。

▲ 蝼蛄

昆虫篇

71

蜜蜂家族中有哪些成员？

▲ 忙碌的工蜂

　　蜜蜂住在蜂巢里，蜂巢筑在树洞里，由六边形的巢室组成，巢往往分为几个小室。一般来说，共同居住在一个蜂巢里的蜜蜂就是一个大家庭，这个家庭里成员很多，而且分工明确，各司其职。蜂后专职产卵，雄蜂的任务就是与蜂后交配，而照料幼蜂，建造蜂巢，采集花蜜的活都由工蜂来做。

蜜蜂的蜂巢为什么是六边形？

　　作蜂巢若呈圆形或八角形，会出现空隙，如果是三角形或四角形，则面积会减小，所以在这些形状中六角形是效率最好的。这种六角形所排列而成的结构叫做蜂窝结构。因这种结构非常坚固，故被应用于飞机的机翼，以及人造卫星的机壁。

　　蜂巢内外面的巢穴刚好一半相互错开，相互组合六角形的边交叉的点是内侧六角形的中心。这是为了提高强度，防止巢房底破裂。

　　另外，从剖面图可知，两面的巢房方向都是朝上的，工蜂在巢房中哺育幼虫，贮藏蜂蜜和花粉，蜂巢形成 9°～14° 的角度，以防止蜂蜜流出。

　　蜜蜂的生态和蜂巢的结构堪称完美，可以说是自然界的鬼斧神工。

蜜蜂为什么跳舞?

蜜蜂跳舞是为了给同伴传递信息。当一只蜜蜂发现有好吃的东西时,就会飞回蜂房,把消息告诉其他蜜蜂。根据它的"舞步"和指示的方向,别的蜜蜂就可以确切地知道在哪儿可以找到吃的东西,就像人们说话一样。一般来说,蜜蜂跳八字舞时,表示蜜源在附近;跳圆形舞时,表示蜜源不太远。

▼ 蜜蜂的"嗡嗡"声源于翅膀

为什么蜜蜂飞行时会发出"嗡嗡"的声音?

蜜蜂在飞行的时候常常发出"嗡嗡"的声音,但这却不是它的叫声。蜜蜂在空中飞舞的时候,它的翅膀像扇子一样扇动着空气,而且扇动得非常快,一眨眼就能扇动两百多次。翅膀震动了空气,从而就发出了"嗡嗡"声。如果蜜蜂停在花上,翅膀不动了,"嗡嗡"的声音也就没有了。所以,蜜蜂的"嗡嗡"声是翅膀震动的声音!

昆虫篇

蜜蜂是怎样酿造蜂蜜的？

蜂蜜是由蜜蜂采集植物蜜腺分泌的汁液酿成。蜜蜂从植物的花中采取含水量约为80%的花蜜或分泌物，然后存入自己的第二个胃中，在体内转化酶的作用下经过 30 分钟的发酵，回到蜂巢中吐出。在经过一段时间后，这些花蜜或分泌物的水分蒸发，便成为水分含量少于 20% 的蜂蜜了。蜜蜂们把蜂蜜存贮到巢洞中，用蜂蜡（蜂蜡是工蜂腹部下面四对蜡腺分泌的物质）密封。

▲ 蜜蜂酿蜜

为什么蜜蜂螫人后会死掉？

人如果驱赶、扑打蜜蜂，蜜蜂出于自卫的本能就要螫人。然而，工蜂尾部的螫针很特别，是由一根背刺针和两根腹刺针组成的，其末端同体内的大、小素腺及内脏器官相连，刺针尖端带有倒钩。当蜜蜂螫刺敌人时，螫针扎在皮肤内被紧紧钩住，不仅拔不出来，自己的内脏也会被拉出体外，所以蜜蜂螫人后一定会死掉的。如果不想被蜜蜂螫到，可以穿黑色衣服。因为蜜蜂不喜欢黑色的东西。

◀ 蜜蜂的针与内脏相连

胡蜂是怎么筑巢的？

　　胡蜂的建筑活动变化最多。胡蜂使用纸浆和泥建造住所和育幼园都有巧妙的方法。造纸浆对于胡蜂而言，是个简单的过程。它们收集腐木纤维、花茎，甚至人类制造的纸和纸板，把这些东西细细咀嚼加上唾液分泌物，就成了纸浆。这是一种具有高度韧性的制型纸浆，干了以后通常会变成灰色硬纸。胡蜂在地下建造纸巢，而那种叫作大黄蜂的胡蜂则常把蜂巢筑成纸球形状，悬在树枝或是屋檐下。大黄蜂所筑的巢，蜂房都是平行的，房口朝下，所有蜂巢用纸包在一起。每次增建一个新蜂巢，总是在原有蜂巢下方，与原来的巢平行，并且总要在整个蜂巢外面包一层新纸。

▼ 胡蜂

昆虫篇

75

哪些昆虫喜欢待在土壤里？

　　和人类生活在地面以上的建筑里不同，昆虫既有生活在水里的，也有生活在土壤里的。其中生活在土壤里的昆虫都以植物的根和土壤中的腐殖质为食料。由于它们在土壤中的活动和对植物根的啃食而成为农业、果树和苗木的一大害。这些昆虫最害怕光线，大多数种类的活动与迁移能力都比较差，白天很少钻到地面活动，晚上和阴雨天是它们最适宜的活动时间。这类昆虫常见的有蝼蛄、地老虎（夜蛾的幼虫）、蝉的幼虫等。

蚂蚁家族是怎么分工的？

　　蚁群中一般有四种成员，而且分工明确。①蚁后，是一族之主，专管产卵繁殖，一般一群只有一个，体型特大，行动不便。②雄蚁，专与蚁后交配，交配后即死亡，一群中有数十只或数百只。③工蚁，是蚁群中的主要成员，专门负责觅食、饲养幼蚁、侍候蚁后、搬家清扫等杂勤工作。④兵蚁，个头较大，两颚发达，是蚁群中的保卫者。

▼ 切叶蚁

▲ 两只蚂蚁在相互交流

蚂蚁为什么会自动排队？

　　蚂蚁在行进的过程中，会分泌一种信息素，这种信息素是只有同类才能闻到的气味，走在后面的蚂蚁，常常就是凭着这种味道跟上前面的蚂蚁的。在我们看来，好像蚂蚁会自动排成队一样。蚂蚁排队可以使它们不迷路，也可以使它们不会走散。如果我们用手划过蚂蚁的行进队伍，干扰了蚂蚁的信息素，蚂蚁就会失去方向感，到处乱爬。

昆虫篇

蚂蚁为什么搬家？

蚂蚁喜欢在干湿适宜的环境里生活，所以其对空气湿度很敏感，而且它们搬家的位置和垒窝的高度往往正好同降雨的情况相关。一般来说，当要下雨时，它们会选择高处掘新巢，如果预感雨时较短，它们便会将洞口垒高，就像垒碉堡一样。相反，当蚂蚁感觉干燥度过大时，它们就要搬到潮湿一点的地方去，这样可以避免脱水而干死。

▲ 蚂蚁搬家

为什么蚂蚁掉了脑袋还能存活一段时间？

其实，大多数动物掉了脑袋以后都能存活一段时间，而且越低级的动物存活的时间越长。这是因为，它们生存主要靠的是脊髓而非大脑，只在高等动物大脑才占决定性作用。所以，以人类死亡的标准（脑死亡）来判断一个生命是否死亡是不科学的，蚂蚁的死亡应该有另外的标准。

◀ 子弹蚁

为什么蚂蚁要给同伴举办"葬礼"？

蚂蚁是一种高级社团性昆虫，有着严密的组织性。在日常行为中，它们无论什么行动都是成群结队。即便同伴死了，它们也会成群结队地把尸体抬走。对它们来说，这与其他活动没有什么两样，而在我们人类看来，这种行为就好像是它们为死去的同伴举行的隆重葬礼。

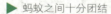 蚂蚁之间十分团结

为什么蜜蚁的肚子特别大？

蜜蚁中的工蚁称为贮蜜蚁。它们终生生活在地下，倒挂在蚁穴里。雨季时，它们的肚子内装满花蜜，胀得就像一只只气球一样。到了干旱时节，它们则排出食物，帮助蚁群渡过难关。它们的肚子就是一个小贮藏室。

◀ 蜜蚁

昆虫篇

▼ 豆娘，也叫黑蜻蜓

你见过豆娘吗？

　　豆娘，是一种颜色鲜艳的食肉昆虫，身体细长，眼睛生于两侧，翅翼生有翅柄，歇息时翅膀伸长叠在一起，与蜻蜓同属蜻蜓目。体型大多数比蜻蜓要小，最小的豆娘体长为 1.5 厘米，最大者可以到 6 ~ 7 厘米。

蜻蜓和豆娘有什么不同？

　　1．眼睛的距离：蜻蜓的复眼大部分是彼此相连或只分开一点儿；豆娘的两眼有相当大的距离，形状如同哑铃一般。

　　2．翅膀的形状：属差翅亚目的蜻蜓，其前后翅形状大小不同，差异甚大；属均翅（束翅）亚目的豆娘，其前后翅形状大小近似，差异甚小。

　　3．腹部的形状：蜻蜓的腹部形状较为扁平，也较粗；豆娘的腹部形状较为细瘦，呈圆棍棒状。

　　4．停栖方式：蜻蜓在停栖时，会将翅膀平展在身体的两侧；一般豆娘在停栖时，会将翅膀合起来直立于背上。

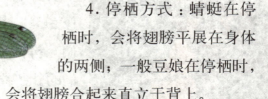

◀ 豆娘

为什么说蜻蜓是个"飞行家"？

　　在昆虫界中，蜻蜓的飞行能力首屈一指。它的头部纤细，腹部细长，两对翅膀又薄又透明，整个形态轻盈灵巧，十分适合飞行。在飞行时，蜻蜓的两对宽大的翅膀保持平行伸展，前翅拍打翻腾空气，在空气中产生快速旋转的小漩涡，而后翅则从这种涡流的自旋中获得能量，形成较大的升力，有助于飞翔。此外，蜻蜓还能在空中表演特技，如盘旋、急飞、滑翔等，动作干脆利落。

▼ 蜻蜓

蜻蜓为什么能成为"捕蚊能手"？

蜻蜓是出色的捕蚊能手，这多亏了它那对强大的复眼。蜻蜓的复眼由无数个小眼组成，这些小眼又与感光细胞和神经紧密地连接着，就像一台台小型照相机，可以清晰辨别物体的大小和形状。更厉害的是，复眼还能上、下、前、后转动，使蜻蜓不用来回摆头，就能眼观六路。

▶ 蜻蜓幼虫蜕皮

蜻蜓有多少只眼睛？

昆虫的复眼都是由大量六边形的小眼面构成的，而且复眼的体积越大，小眼面的个数就会越多，眼睛的视力也会越强；反之如果复眼的体积越小，视力就会越弱。在所有的昆虫中，蜻蜓的复眼最大，由1万～3万多个小眼睛构成，它可以在飞行中捕捉小昆虫，而且即便在休息时，也能感觉到身边的情况。

◀ 蜻蜓可以眼观六路

▲ 蜻蜓的翅膀很结实

为什么蜻蜓薄薄的翅膀不易折断？

　　蜻蜓的翅膀中空，很轻，但是却很坚韧，这是因为蜻蜓的翅膀主要由蛋白质和角质构成，其中角质的特殊成分使它不易被折断。另外，每只蜻蜓的翅膀上都长有一块黑痣，这是角质加厚区。蜻蜓飞行时，平均每秒钟扇动翅膀十次左右，这块黑痣就可以保护蜻蜓的翅膀不被折断。

昆虫篇

蝴蝶为什么喜欢在花丛中飞舞？

　　蝴蝶不会酿蜜，但却常常在花丛中飞舞，它们究竟在做什么？其实，蝴蝶飞来飞去是在找鲜花里的花蜜，它们最喜欢花朵里的蜜汁了。而且，它们还喜欢帮助雄花传粉，使花朵结出果实来。所以，我们总能看见蝴蝶在花丛中忙忙碌碌。

▼ 蝴蝶与花

为什么蝴蝶的翅膀不会被雨水打湿？

　　因为蝴蝶的翅膀上布满着鳞片，所以蝴蝶总是翩翩起舞，非常美丽。不仅如此，这些鳞片中还含有大量的脂肪，可以保护蝴蝶的翅膀不被雨水打湿，就像一件雨衣一样。万一蝴蝶的翅膀被雨水淋透，由于翅膀变重，拍打的频率减小，蝴蝶可能就飞不起来了。

为什么早晨蝴蝶飞得特别慢？

　　早晨的蝴蝶飞得特别慢，首先是因为早晨气流活动较平缓，使得蝴蝶没有可以凭借的外力，它飞起来很迟钝。再者，早晨的草丛叶子上有露水，蝴蝶的翅膀沾上露水，就让飞行变得更加困难了。

▲ 帝王蝶

蝴蝶怎样躲避天敌？

　　蝶类为了避害求生存，除了警戒色和拟态之外，尚有采取种种自卫方式用以吓退外敌的本能。例如，线纹紫斑蝶雄蝶在被捉时，能在其腹端翻出一对排挤腺迅即散发恶臭，使食虫鸟类等天敌不得已而舍弃，得免于害。凤蝶幼虫在其前胸前缘背面中央，具有臭角一枚，当其受惊时，叉形臭角立即向外翻出，臭液挥发，恶臭难闻，使敌厌弃而免受其害。如红角大粉蝶的大幼虫在受惊时，能抬举起虫体前五节，配合其腹面特有的斑纹，酷似眼镜蛇攻击前的姿态，恐吓敌人，借以自卫，耐人寻味。

昆虫篇

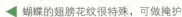

◀蝴蝶的翅膀花纹很特殊，可做掩护

85

▲ 水面上成群的水黾

什么是水黾？

水黾是一种在湖水、池塘、水田和湿地中常见的小型水生昆虫。水黾科昆虫成虫长 8～10 毫米，黑褐色，头部为三角形，稍长。体小型至大型，长形或椭圆形。触角丝状，4 节，突出于头的前方。前胸延长，背面多为暗色而无光泽，无鲜明的花斑，前翅革质，无膜质部。身体腹面覆有一层极为细密的银白色短毛，外观呈银白色丝绒状，具有拒水作用。其躯干与宽黾蝽科类似。它们的躯干非常瘦长，躯干上被极细的毛，这些毛厌水。腹部具明显的侧接缘。

水黾如何在水上生存？

水黾几乎终生生活于水面，借助体下的拒水性毛和伸开的肢体等适应性性状，不致下沉或被水沾湿。在水面上划行主要依靠中足和后足的动作，前足在行动时举起，不用以划行，主要用于捕捉猎物。水黾以掉落在水上的其他昆虫、虫尸或其他动物的碎片等物为食。栖居环境包括湖泊、池塘等静水水面，以及溪流等流动的水面。在湍急的山溪上生活的种类，常常腹部变短或套缩入基部数节。海黾生活在海中，漂浮于开阔的洋面上，为昆虫中极少数在海上生活的类群之一。

什么是昆虫的保护色？

　　昆虫的种类不计其数，它们面临危险时采取的自卫方式也多种多样。有的具有保护色，有的有警戒色，还有许多昆虫能将自己变成其他形状，借以避开敌害。①保护色。有些昆虫经常混入与自身体色相近的环境中觅食，即使靠近敌害，也很难察觉到它们的存在。例如，蝗虫经常混入与自身体色相近的草丛中，在那里毫无顾忌地鸣叫，但很多捕食者却很难从中发现蝗虫的踪迹。②警戒色。有些昆虫从不需要伪装自己，而是用它们艳丽的体色警示其他动物不要靠近。例如，许多飞蛾体色都呈红、黄等艳丽的颜色，但它们却并不是可口的猎物。

谁是蛾类的巨无霸？

　　乌桕大蚕蛾是鳞翅目大（天）蚕蛾科的一种大型蛾类，也是世界最大的蛾类，翅展可达 180 ~ 210 毫米。雄蛾的触角呈羽状，而雌蛾的翅膀形状较为宽圆，腹部较肥胖。其翅面呈红褐色，前后翅的中央各有一个三角形无鳞粉的透明区域，周围有黑色带纹环绕，前翅先端整个区域向外明显地突伸，像是蛇头，呈鲜艳的黄色，上缘有一枚黑色圆斑，宛如蛇眼，有恫吓天敌的作用，因此又叫作蛇头蛾。这种蛾类十分珍贵，数量稀少，属于受保护的种类。

▶ 蛾霸

蚊子为什么叮人？

实际上，只有母蚊子才叮人。蚊子叮人是为了寻找异亮氨酸。异亮氨酸是人体 8 种必需氨基酸之一，氨基酸是蛋白质的基本单位，母蚊子需要蛋白质来产卵。蚊子能在不到 1 分钟内找到血管，然后开始吸血，能吸食相当于自己体重 4 倍的血液，等母蚊子喝饱后，它的身体看起来就像一个小小的红灯泡。

▲ 蚊子会传播疾病

为什么蚊子的嘴能刺透皮肤？

蚊子之所以能刺穿皮肤吸到血，全是因为它有一张特殊的嘴。蚊子的嘴属于刺吸式口器，看起来就像一根针似的细管子。其实，这根细管是由 6 根很细的变态器官组成，有硬的也有软的。硬的是用来刺穿皮肤的武器，软的是食道管和唾液道，而且最外面还有一把"夹钳"，将 6 根管子夹成一束。所以，蚊子的嘴才能够刺入人体皮肤。

◀ 蚊子的嘴就像针管

蚊子为什么喜欢叮穿深色衣服的人？

　　蚊子多是喜欢弱光，对于全暗或强光都很反感。深色的衣服，如深蓝色、咖啡色、黑色等，因为光线较暗淡，比较适宜蚊子的生活习性；而浅色衣服反射的光线强，蚊子就会尽量躲避。所以，穿深色衣服要比穿浅衣服的人更容易被蚊子叮咬，穿浅色衣服具有躲避蚊子叮咬的作用。

▼ 蚊子喜欢弱光

▲ 发光的萤火虫

为什么萤火虫会发光？

　　萤火虫腹部末端有个发光器，包括发光层和反射层。发光层呈黄白色，是一种叫荧光素的蛋白质发光物质。当萤火虫呼吸时，这种荧光素和吸进的氧气氧化合成荧光素酶，它们的尾部就会发光了。我们常常看见萤火虫一闪一闪地发光，是因为它能控制对发光细胞的氧气供应。

昆虫篇

瓢虫为什么"换装"?

　　瓢虫幼虫的生活单调乏味,它们每天游弋在花草之间,疯狂地捕食蚜虫。瓢虫的生命非常短暂,从卵生长到成虫时期只需要大约一个月的时间,所以无论什么时候,我们都可以在花园里同时发现瓢虫的卵、幼虫和成虫。

　　瓢虫的幼虫胃口会随着成长而越来越大,圆圆的身体,鞘翅光滑,通常黑色的鞘翅上有斑纹,身体也在不断地增长,它们必须挣脱旧皮肤的束缚,开始一个艰辛的历程——蜕皮。这个过程并不像我们脱掉旧衣服,再换一件大号外套那么简单。瓢虫一生之中要经历5～6次蜕皮,每次蜕皮后,身体都会继续增长,直到积蓄足够的能量步入虫蛹阶段。

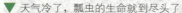
▼ 天气冷了,瓢虫的生命就到尽头了

七星瓢虫的秘密武器是什么?

七星瓢虫 ▼

七星瓢虫有较强的自卫能力，虽然身体只有黄豆那么大，但许多强敌都对它无可奈何。它三对细脚的关节上有一种"化学武器"，当遇到敌害侵袭时，它的脚关节能分泌出一种极难闻的黄色液体，使敌人因受不了而仓皇退却、逃走。它还有一套装死的本领，当遇到强敌和危险时，它就立即从树上落到地下，把三对细脚收缩在肚子底下，躺下装死，瞒过敌人而求生。

瓢虫之间有一种奇妙的习性：益虫和害虫之间界限分明，互不干扰，互不通婚，各自保持着传统习惯，因而不论传下多少代，不会产生"混血儿"，也不会改变各自的传统习性。

◀ 一只正在吃食的瓢虫

昆虫篇

91

part 3

海底生物篇

鱼类家族有多少成员？

　　鱼类这个庞大的家族现在共有 3 万个成员。它们是地球上最古老的居民，在恐龙没有出现的时候它们就已经在大海里生息繁衍了。鱼类大体分为三类：一类是硬骨鱼类，今天绝大多数鱼都属于这一类，如鲤鱼和鲫鱼等；第二类是软骨鱼类，这类鱼没有硬骨骼，软骨骼是由牢固而富有伸缩性的物质组成，而坚韧的角质皮层代替了鱼鳞，如鲨鱼和鳐鱼等；第三类是肺鱼类，这种鱼有肺也有鳃，如攀木鱼等。鱼类长期生活在水中，它们不断进化着，并逐渐形成各式各样的体型：有的成为平扁形，有的成为侧扁形，有的成为纺锤形，有的成为圆筒形，还有的成为其他特殊体型等。这是对特定环境的一种适应表现。

▼ 各式各样的鱼类

鱼睡觉吗？

▲ 水虎鱼

鱼需要睡觉。事实上，所有的脊椎动物都需要休息，以便恢复中枢神经系统与肢体的疲劳，鱼类作为脊椎动物的一员自然也不会例外。那么，鱼为什么睁着眼睛睡觉？这是因为鱼没有眼睑，所以它只能一直睁着眼睛，睡觉时也一样。

为什么深海中的鱼会发光？

一般能发光的鱼类多生活在深海中，浅海里比较少。这是因为它们身上长着许多发光器，这些发光器构造巧妙，有的会折射光线，有的会分泌出发光物质。不过，鱼类发出的这种光是没有热量的，是冷光，也叫动物光。它们发光的目的也各不相同，大多数是为了照明，以便在漆黑的海水深处寻觅食物。

◀ 深海里的发光鱼

海底生物篇

95

为什么鱼不怕冷？

　　鱼是变温动物，它的体温会随着外界环境的变化而改变。夏天时，鱼的体温会随着气温的升高而升高；到了冬天，鱼的体温则会随着气温的降低而降低。所以，鱼不会感到寒冷，也不怕冻。不过，鱼终归是种低级生物，当气温或水温降到一定温度以下时，它还是会被冻死。

▲ 深海里奇特的鱼

为什么有些鱼长胡须？

　　有些鱼是长"胡须"的，因为鱼须是鱼类重要的触觉器官。一般来说，多数视力不太好的底层鱼类都长胡须，它们在水底就是依靠触须寻找并选择食物。例如鲟鱼，它在摄食时，先用吻部掘泥，这样水会变得浑浊起来，它就只好依靠胡须的触觉来觅食了。还有一种神奇的深海鱼类，它的胡须顶端还可以发光，不仅能起到触角的作用，还能照明。

为什么鱼有腥味？

因为在鱼的身体两侧各有一条白色的线，叫"腥腺"，从这里分泌出来的黏液里含有一种叫三甲胺的化学物质，特别是在常温下，这种化学物质会大量分泌出来并散布于空气中，当人们闻到这种挥发在空气中的气味时，就产生腥味感觉了。

▲ 山椒鱼

鱼类也会说话吗？

鱼会说话，也有自己的语言。不过，鱼类没有声带，它们是靠鱼鳔共振来发声的。根据研究，小青鱼游动时会发出"唧唧"的叫声，海马的语调就像在打鼓，鱿鱼可以像狗一样嘶吼，而黄花鱼则能变换出各种声调。鱼类的语言并没有特定内容，它们多半是为了寻觅食物、联系伙伴和防身才发出声音。如果将它们的鳔破坏，那么它就再也不会"说话"了。

◀ 会发声的沙丁鱼

海底生物篇

为什么小鱼能吃大鱼？

俗话说："大鱼吃小鱼，小鱼吃虾米。"但是，也不全是如此。在松花江和黑龙江淡水里生活着一种专吃大鱼的"磁性"小鱼，它就是八目鳗。当它感到饥饿时，便外出四处寻找目标，一旦发现大鱼，便迅速尾随其后，在不知不觉中悄然吸附在大鱼身上，用利齿咬破大鱼身体，吸食其血肉。它边吃边消化，直到把大鱼吃光为止。

▲ 小鱼吃大鱼

为什么鱼能自由漂浮和下沉？

鱼为什么能在水里浮沉随意？原来，鱼的肚子里有一个白色的气囊，叫鳔，可以通过肌肉的收缩变小或涨大。当鱼要浮起来时，肌肉放松，鳔内充满了气体，鱼就能浮起来；当鱼要下沉时，肌肉收缩，鳔内气体减少，鱼受的浮力随之减小，就下沉了。此外，鳔还有感觉作用、发声作用和呼吸作用。

鱼有耳朵吗？

▲ 似乎在倾听的龙鱼

鱼类虽没有外耳和中耳，但具有内耳的基本结构，从而能感知声音。一般的硬骨鱼类能感觉到声音的低频振动，这种低频振动的声音是经头骨传到内耳的，刺激内耳的感觉细胞，经听神经到达脑而产生听觉。但多数硬骨鱼类对高于 3000 次／秒振幅的声音就听不到了。

为什么海鱼不能离开海水？

由于海鱼长年生活在海洋中，所以逐渐形成了适应海水巨大压力的身体构造。如果它们突然离开海洋，压力骤减，体内的鳔就会膨胀，甚至还可能引起体内一些小血管破裂，导致死亡。所以，国外捕捉深海观赏鱼的专业人士在将鱼从海里运送至海面之前，常用一根针刺一下鱼鳔，放出一部分空气，防止不幸的发生。

◀ 琵琶鱼

鱼靠什么及时避开危险？

鱼有一种特殊的感觉器官，那就是侧线。侧线与神经相连，鱼类就是靠着它来感知危险。通常，假如有强大的水流涌来，侧线会首先受到刺激，然后使鱼做出避开反应。此外，利用侧线，鱼还能感觉到水中浮游生物及一些小鱼、小虾的游动，从而准确捕食。侧线极为重要，如果没有它，大多数鱼儿都无法在茫茫水中继续生活。

▼ 伪装起来的比目鱼

鱼的年龄是怎么算出来的?

　　鱼类在四季的生长中很不均衡：夏天长得特别快，秋天长得慢，冬天基本停止生长。所以，鱼鳞的生长年轮一般可代表鱼的生长年轮。如果我们用放大镜仔细观看，会发现鳞片上面有轮环，轮环有窄也有宽，窄宽环分多少组，鱼的年龄就是多少年。

▲ 龙鱼

小鱼为什么总是成群游动?

　　每种动物都有自己求生的办法。海里的小鱼由于弱小，并且没有抵抗敌人的武器，如果零星活动，随时都会被吃掉，但是成群结队地游在一起，即便遇上敌人袭击，也增加了逃脱的可能性。所以，小鱼总是喜欢成群地游在一起。

▼ 成群的小鱼

海底生物篇

▲ 红色的鳟鱼

为什么热带鱼颜色特别鲜艳？

　　鱼类都有独特的颜色，热带鱼也不例外。热带鱼颜色光彩夺目，这样，它们在海中捕食和逃避敌害时，就不容易被发现了。所以，热带鱼颜色鲜艳也是为适应生活环境的必然选择。

为什么鱼能在漆黑的深水里找到食物？

　　在没有光的深水里，鱼是怎样找到食物的？鱼有内耳，它的内耳不仅能清晰地分辨出在水中传递的不同频率的声波，并且能通过大脑及时地识别出声源的方向、距离和发声的出处。比如1米长的鲨鱼，其鼻腔中密布嗅觉神经末梢的面积可达4842平方厘米；而5～7米长的噬人鲨，其灵敏的嗅觉可嗅到数千米外的受伤的人和海洋动物的血腥味。

飞鱼真的会飞吗？

飞鱼是不会飞的。当我们看到飞鱼拍打着翼状鳍冲出水面，其实它们只是在滑翔。通常飞鱼会在水下进行加速游向水面时，鳍紧贴着流线型身体，冲破水面瞬间则张开大鳍，尾部快速拍打水获得推力腾空滑翔。飞鱼还会做连续滑翔，每次落回水中时，尾部又把身体推起来。

 飞鱼

▲ 鲤鱼

鲤鱼为什么"跳龙门"？

鲤鱼跳龙门反映了鱼类有着跳水的习性。据科学家们研究，这种现象有很多原因。比如，鲤鱼为了躲避敌害的突然袭击或者受到突然的恐吓等，而越过途中的障碍；再如，当鲤鱼到了快要生殖的时候，体内就产生了一些能刺激神经的东西，使它处于兴奋状态之中，因而特别喜欢跳跃等等。

海底生物篇

谁是鲨鱼中的"巨人"？

鲨鱼界的巨人非鲸鲨莫属，它又名豆腐鲨、大憨鲨，是世界上最大型的鲨鱼，也是目前世界上体型最大的鱼类。截至目前，生物学家实际记录到的最大尺寸的鲸鲨为身长 12.65 米，体重 21.5 吨。虽然鲸鲨具有非常宽大的嘴巴，但是它们其实是一种滤食动物，主要以小型动物为食。鲸鲨生活在热带和温带海域中，寿命可达70 ～ 100 年。

为什么鲨鱼的牙齿掉不完？

实质上，一条鲨鱼有好多副牙齿，它们按行从前至后依次排列开来。当鲨鱼前腭部边上的牙齿磨损或脱落之后，后面的牙就移上前来取代旧牙。在鲨鱼的一生中，这些牙齿总是在不断地更新着。

▼ 鲨鱼的牙齿像匕首一样锋利

鲨鱼为什么不吃向导鱼？

鲨鱼几乎没有朋友，但却跟向导鱼关系很好。向导鱼身长仅30厘米左右，青背白肚，两侧有黑色的纵带。鲨鱼从不伤害自己的这群小伙伴，还把吃剩的食物赏赐给它们。经观察发现，向导鱼竟然是鲨鱼的"清洁工"，它经常游到鲨鱼嘴里帮助鲨鱼清洁牙缝中的残屑，有了这种价值，当然不用担心被吃掉了。

◀ 鲨鱼和向导鱼

鲨鱼有天敌吗？

鲨鱼的天敌不太多，但有一些却是让鲨鱼十分"头痛"的。当鲨鱼的出现威胁到成群的海豚时，海豚们会有组织地围攻鲨鱼，轮番用有力的鼻子击撞鲨鱼的体侧部。由于鲨鱼骨骼较软，防护内脏的能力差，所以聪明的海豚便抓住这个要害，拼命地撞击，有时甚至可以把鲨鱼的内脏撞坏。不过，现今鲨鱼的最大天敌还是人类，过度捕杀让鲨鱼的数量急剧减少。

▼ 凶猛的大白鲨

神奇的动物王国

▲ 透明的水母

水母的身体为什么是透明的?

　　水母身体的98%都是水分,所以它的身体会呈现透明状。水母看起来美丽温顺,实际却十分凶猛,一旦遇到猎物,从不轻易放过。不过,水母也有天敌,那就是棱皮龟。棱皮龟可以在水母的群体中自由穿梭,轻而易举地用嘴扯断水母的触手,使其失去抵抗能力,束手就擒。

水母为什么会发光?

▼ 发光的水母

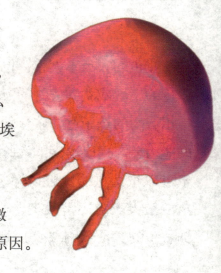

　　水母构造简单,它没有肌肉和骨骼,身体基本都是水。那么,它的光是怎么发出来的呢?原来,水母含有一种叫埃奎林的神奇蛋白质,这种蛋白质遇到钙离子就能发出较强的蓝色光来。据科学家研究,每只水母大约含有50微克的发光蛋白质,这就是水母能发光的原因。

水母的触手有什么用？

在漂亮的水母伞状体边缘，长满了许多细长的须状条带，称为触手，最长的可达 20 ～ 30 米。这些触手是水母的消化器官，也是它们强有力的武器。这些触手里布满了刺细胞，可以射出毒液，一旦猎物碰到了毒液就会被麻痹，这时水母就可以趁机紧紧抓住猎物，送到伞状体下的息肉里，而息肉分泌出的蛋白质分解酵素则将猎物分解，从而让水母能消化吸收。

水母为什么不伤害小牧鱼？

小牧鱼是水母的共生伙伴。小牧鱼可以随意游弋在水母的触须之间，有时遇到大鱼游来，它还把水母当作御敌武器。那么，为什么水母不伤害小牧鱼呢？首先，小牧鱼行动灵活，能够巧妙地避开毒丝，不易受到伤害。而且，小牧鱼虽然体积微小，但它可以吞掉水母身上栖息的小生物，对水母的生存也是大有帮助。所以，水母和小牧鱼能和平共处。

◀ 水母可以借助触手的力量来改变方向

海底生物篇

107

为什么海蜇会螫人？

　　如果不小心被海蜇螫上一口，你会难受好一阵子，这就源于海蜇的触手。海蜇的触手上有许多刺细胞，刺细胞里还有一个刺丝囊，里面有一盘丝状的小管子，这就是刺丝。一旦遇到敌害，刺丝囊中的刺针就发射出来，并放出腐蚀性的毒液，直刺敌人体内。这时，敌人就好像被打了麻醉针一样，渐渐失去知觉，直至死亡。

▼ 海中螫人的海蜇

▲ 斑马章鱼

章鱼为什么不是鱼？

章鱼不是鱼。章鱼是从头足纲软体动物中进化而来的，属于海洋软体无脊椎动物门，而鱼类是脊椎动物。章鱼身体一般很小，八条触手又细又长，弯弯曲曲地漂浮在水中；而鱼类则以鳍游泳，终生以鳃呼吸。

乌贼和章鱼有什么不同？

章鱼又叫八爪鱼，有八个腕足，而乌贼有十个腕足。乌贼的外壳是硬的石灰质外鞘，章鱼没有，但是它拥有相当发达的大脑，可以分辨镜中的自己，也可以走出科学家设计的迷宫，吃掉迷宫中的螃蟹。

海底生物篇

109

章鱼的头为什么那么大？

因为章鱼是属于软体动物，它没有身体，只有头和腿。所以，胃、心脏与其他器官都和头长在一起。所以，章鱼的头就显得特别大了。

▲ 章鱼卵

为什么说章鱼是"海洋变色龙"？

章鱼是海洋动物中的魔术大师，有"海洋变色龙"之称。在章鱼的皮肤下面，隐藏着许多色素细胞，里面装有不同颜色的液体，在每个色素细胞里还有几个扩张器，可以使色素细胞扩大或缩小。当章鱼处于恐慌、激动、兴奋等情绪变化中时，它体表的颜色就如同施展幻术那样不断地变换，尽量保持与周围环境的一致，使自己处于隐蔽状态中。

▼ 正在吞食的章鱼

为什么乌贼会喷"墨汁"？

　　由于乌贼的腹内有墨囊，所以当它捕食或者遇到危险时，就会喷出墨汁将附近的海水染黑，以迷惑对手，使对方望"墨"兴叹，这时乌贼就可以趁机捕获猎物或逃跑。这也是乌贼被称为墨鱼的由来。乌贼体内的墨汁主要成分是水，之所以为黑色，是因为其中含有肉眼看不见的黑色颗粒。

▼ 乌贼

海底生物篇

111

贝壳身上的花纹为什么各式各样？

贝壳身上的花纹，是由它们居住的地点和母体携带的遗传因子决定的。所以，我们在海滨的沙滩上捡到的贝壳往往色泽光亮，而在湖边泥沼地里捡到的贝壳大多颜色黯淡。

▲ 美丽的贝壳

硬硬的贝壳会长大吗？

贝壳当然会长大，因为生活在贝壳里的动物是软体动物。贝类的身体十分柔软，所以贝壳就是它们的铠甲，而且没有了贝壳它们就无法生存下去。当贝类长大时，贝壳也会随着长大，它的腺细胞能产生一种分泌物，出来就钙化，长的过程就像树长年轮似的，一圈一圈一层一层，就慢慢长起来了。

▼ 最大的贝壳

海马为什么是鱼？

　　海马属于鱼类，叫它海马是因为它长着一个与马头极为相似的脑袋。另外，海马的习惯和动作也十分奇特，比如，它游泳是直立着的。而与马也很相似的是，它身体后部竟然还拖着一条逐渐变细的尾巴，可以缠绕在珊瑚或海藻枝上支撑身体。

海马 ▶

小海马是海马妈妈生的吗？

　　海马的繁殖方法很特别。在繁殖季节来临时，雄海马体侧的腹壁会向体中央线上发生皱褶，慢慢地合成一个宽大的"育儿袋"，然后雌海马就将卵产在雄海马的"育儿袋"内。此后，上百粒受精卵就在"育儿袋"里进行胚胎发育。这个"育儿袋"可以给胚胎提供营养和安全保护，等到幼海马发育完成，雄海马就开始"分娩"了。所以，小海马是海马爸爸生的。

◀ 海马虽小，却是隐蔽高手

海底生物篇

▲ 皇带鱼

为什么鱼长鳞?

鱼的身体很柔软,鱼鳞则是鱼皮肤的一部分。如果没有鱼鳞,水会不断地渗入淡水鱼的体内,而海水鱼身体内的水分也会跑出来,这样鱼就活不下去了。所以,鱼必须有鱼鳞,如果把鱼鳞刮掉,就等于剥掉鱼的皮肤,鱼就会死掉。

为什么有淡水鱼和海水鱼之分?

生活在海水中的鱼,鳃片中长有一种海水淡化装置,它由"泌氯细胞"组成,能起到淡化海水的作用。另外,海鱼的表皮膜、内腔膜和口腔膜等都是一种半渗透膜。这些"装置"会把海水淡化分解在口腔内的盐和其他成分隔离出来并通过排泄系统排出体外。这样,体内存留的水就完全是淡水了,而淡水鱼则没有这个本领。

◀ 身披"锯齿"的鳐鱼

为什么鱼要大量产卵？

　　鱼之所以要产出数量很多的卵，是因为单个鱼卵成活到成年的几率非常小。大多数鱼要产下几万个卵，但此后便对其无能为力了，

"衣"带飞舞的狮子鱼

许多卵甚至在孵化以前就会被吃掉。而那些能够给予后代某种形式照料的鱼，比如海马、刺鱼之类，产卵的数目一般就相对少一些。

为什么说螺是"建筑奇才"？

　　螺是一位单身住宅建筑家，螺壳就是它精心设计的单身住房。

螺壳非常考究，不但外层常常饰以花纹，内层也是"加工"得十分光洁。更让人想不到的是，螺的壳能根据环境的不同长出不同的形状，而且既能御寒，也能防热，还可以躲避敌害。所以不得不说，螺是一个"建筑奇才"。

◀ 芋螺

海底生物篇

115

珊瑚是动物吗？

珊瑚是由一种身体柔软的小动物——珊瑚虫，大量群居而形成的，所以属于动物。珊瑚虫从芽体中生长，能通过向海水中排卵进行繁殖，并以漂浮在水中的其他动物的幼虫或小动物为食。而那些生活在明亮、温暖、清洁的水中的珊瑚，随着它们的成长死亡，它们的硬壳不断堆积，最后就形成了我们看到的珊瑚礁。

▲ 长有八个或更多触手的珊瑚虫

珊瑚的年龄怎么推算？

珊瑚是有寿命的。珊瑚分泌的骨骼可以堆积起来，由于生长时间的不同，在骨骼上会形成不同的纹路或图案，代表堆积时间的长短。所以，珊瑚的年轮其实是它的骨骼存在时间的长短。据研究，珊瑚表壁上有粗细之分的规则环形条纹，每一条纹为一岁，条纹愈多，年龄愈大。

为什么电鳐会放电？

电鳐的身体扁平，头和胸部连在一起，尾部呈粗棒状，像团扇。电鳐可以发电，这是因为在电鳐的头胸部的腹面两侧各有一个肾脏形、蜂窝状的发电器官。它发出的电流能够击毙水中的小鱼、虾及其他小动物，是一种捕食和打击敌害的手段。

▲ 霸气的电鳐

▼ 螃蟹横着走

螃蟹为什么横着走？

因为螃蟹脚的关节只能向下弯曲，向左右移动，所以螃蟹不能向前走，只能横向爬行。它爬行时，先用一边的脚抓地，然后用另一边的脚伸直往一侧推。实质上，并不是所有螃蟹都只能横行，比如那些生活在沙滩上的长腕和尚蟹就可以向前奔走，而生活在海藻丛中的许多蜘蛛蟹，甚至还能在海藻上垂直攀爬呢。

海底生物篇

117

为什么螃蟹离开水后不会死?

　　螃蟹靠鳃过滤水中的氧气进行呼吸,当它离开海水后,如果生活环境湿润,它也能存活一段时间,但如果长时间干燥,鳃就会变干而丧失呼吸能力。此外,螃蟹长期生活在海边,它的鳃适应了高盐的海水,而不适应低渗透压的淡水。所以,虽然螃蟹离开水不会马上死,但时间长了就不行了。

▲ 常常"鸠占鹊巢"的寄居蟹

螃蟹的血液是什么颜色?

　　人的血是红色,许多动物的血也是红色的,那螃蟹的血是不是红色的呢?不是的。螃蟹属于冷血动物,它的血是一种蓝色的半透明状的液体,与外壳一样。所以流出的清亮带蓝之物就是螃蟹的血。

螃蟹的骨头长在哪儿？

▼ 螃蟹

　　许多人认为，螃蟹没有骨头，因为它的身体除了外面有层硬壳，里面都是肉。其实，螃蟹外面的硬壳就是它的骨头，这种特殊的骨头叫外骨骼。除螃蟹外，虾、蝎子、蜈蚣等节肢动物，也是具有外骨骼的动物。

▼ 海葵

为什么寄居蟹和海葵是"好朋友"？

　　寄居蟹由于腹部缺乏甲壳保护，很怕"敌人"的攻击。而海葵长着很多触手，上面有很多刺还有毒，这让许多动物不敢接近它。但是，海葵自身并不能移动，只能靠"守株待兔"的方式觅食。于是，寄居蟹驮着海葵在大海中遨游，而海葵则帮助寄居蟹抵挡敌害。这种现象在生物学上叫作"共栖"或"共生"。

海底生物篇

海参为什么要夏眠？

入夏以后，上层海水由于受太阳强烈照射，温度比较高，这时海底的小生物都浮到海面。而海参却对温度很敏感，当水温超过 20℃时，就向更深的海底迁移。到了新环境后，海参因为缺少食物，就只好进入夏眠状态，这是海参为适应环境而养成的习惯。

为什么海参失去内脏不会死？

当海参遇到敌害攻击时，会立刻抛出自己的内脏，分散敌人的注意力，然后乘机逃走。海参体内有一种结缔组织，这种组织由无数形态、构造相同的细胞集合在一起，是执行共同生理机能的细胞群。它们主要是进行再生、修补受伤或坏死了的细胞。因此，海参即便扔掉内脏，一样可以生存。

 海参身上长满肉刺

▲ 躲在海葵中的小丑鱼

为什么海葵不伤害小丑鱼？

　　海葵会用刺攻击大多数别的鱼，使之麻痹，但小丑鱼却可以在大海葵的触手间游动，丝毫不受伤害。小丑鱼为什么会这么幸运？原来，小丑鱼身上的黏液和海葵相似，让海葵误认为它是自己身体的一部分，所以不去攻击它。小丑鱼利用海葵做保护伞，使得其他天敌也敬而远之。可以说，小丑鱼真是一个聪明的海中小精灵。

part 4

两栖动物和爬行动物篇

娃娃鱼为什么不是鱼?

▲ 娃娃鱼是现存最大的两栖动物

　　娃娃鱼不是鱼。它们生活在中国一些海拔 200 ～ 1600 米的山区溪流中,因为能像鱼一样生活在水中,叫声又酷似婴儿的哭声,所以称它"娃娃鱼"。娃娃鱼一般昼伏夜出觅食,喜欢吃鱼、虾、蟹、蛇、鸟和蛙类等动物,但它们的牙齿只会捕食,不会咀嚼,所以会把食物吞到胃里消化,往往吞下一只青蛙要十多天才能消化,所以它们有很强的耐饥饿能力。

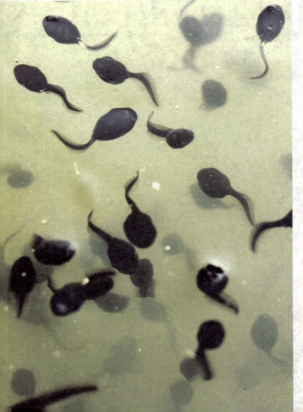

◀ 小蝌蚪

青蛙是由什么变成的?

　　青蛙产卵后,卵会慢慢变成一条拖着长尾巴的小蝌蚪,这条尾巴可以帮助它在水中游动。经过 9 周后,小蝌蚪会长出后腿;12 周后,开始长出前腿。有了腿的青蛙在水中便游得十分自如,但尾巴仍然存在。直到 16 周左右后,小蝌蚪的尾巴才会慢慢退化到完全不见,这时,一只青蛙就出现在我们眼前了。

海里有青蛙吗？

▼ 虎纹蛙

青蛙喜欢水，可为什么在广阔
的海洋中却看不到它们的身影呢？
可能很多人不知道，青蛙虽然属于
两栖动物，但是它们的肺部很不发达，
必须借助皮肤来呼吸。然而，海水咸度很高，
容易造成青蛙体内的水分通过皮肤渗出体外。如果青蛙体内水分
渗出太多，又得不到及时补充的话，它们就有可能因"脱水"而死。
因此，青蛙是万万不能生活在海洋中的。

为什么青蛙的肚皮是白色的？

青蛙是既能在水里生活，又能在陆地上生活的两栖动物。它们
的背面体色与周围环境的色彩很相近，这样有利于在捕食猎物与躲
避敌害时的隐藏和保护。青蛙身体腹面颜色与天空的颜色接近，这
样水下的敌害就会很难发现它们
了。所以说，青蛙的白色肚
皮和深色背部都是一种保
护色。

▲ 青蛙

两栖动物和爬行动物篇

125

为什么青蛙既有益又有害？

生活在农田附近的青蛙的食量很大，食物种类也很多。青蛙喜食昆虫，从这点来说，它消灭了很多农业害虫，对农业是有益的。但是，青蛙在捕食昆虫时，不具备区别和选择能力，往往连农田益虫也一起吃掉，而且它的食物来源还有田螺、蜗牛、小鱼、小虾、小蛙、鱼卵等，对渔业也造成了一定的危害。所以说，青蛙是既有益又有害。

▲ 住在树上的雨蛙

蟾蜍和青蛙有什么不同？

青蛙一般在离水面较近的地方活动，背部光滑，肚皮呈白色，善于跳跃。而蟾蜍极少跳跃，背部粗糙，腿细长，肚皮黄，耐旱。一般来说，背部特征是区分青蛙和蟾蜍的主要途径，青蛙皮肤光滑，蟾蜍有疙瘩，皮肤棕褐色。

◀ 三燕丽蟾——最早的青蛙

蟾蜍为什么又叫癞蛤蟆？

蟾蜍是青蛙的近亲，但它身上却长满了难看的疙瘩，所以俗称癞蛤蟆。可别小瞧这些丑疙瘩，它们可是蟾蜍的一种自我保护法宝。首先，蟾蜍趴在地上，它的体表颜色和疙瘩会与泥土的颜色和状态十分接近，可以避免被敌人发现。其次，蟾蜍身上的疙瘩能分泌黏液和白色的浆液，黏液会保持皮肤的湿润，白色的浆液富含毒素，作为防身武器，连黄鼠狼也怕它三分。

▲ 蟾蜍又叫癞蛤蟆

为什么蟾蜍爱爬不爱跳？

要想跳跃就需要有一条强有力的后腿，青蛙由于经常在水中捕食，需要游泳，于是练就了一双有力的后腿，所以青蛙能跳；蟾蜍却只喜欢在潮湿的陆地上生活，游泳的机会很少，后腿锻炼的机会不多，前后腿的差别不大，所以蟾蜍只爱爬不爱跳。

▲ 正在除"害"的蟾蜍

为什么蟾蜍是有益动物？

蟾蜍是对人类有益的动物，它捕食的害虫比青蛙多好几倍，如蜗牛、蚂蚁、蝗虫等农作物害虫都是它捕食的主要对象，为保护农作物成长立下了大功。此外，蟾蜍体内的分泌物经晾干后，可制成蟾酥，蟾酥是一种名贵的中药材。

恐龙共有多少种？

　　恐龙是古代的一种爬行动物。很久以前，生活在地球上的恐龙种类很多，现已经命名的就有 300 多种。恐龙的个头有的很大，有的很小。有些恐龙是食肉动物，喜欢攻击别的动物，如棘龙、偷蛋龙等；有些恐龙则是草食动物，非常温顺，以地上的草或树上的叶子为生，如雷龙、禽龙、棱背龙等。相信随着研究工作的进展，恐龙的种类还会不断地增加。

▲ 单脊龙

▼ 剑龙

两栖动物和爬行动物篇

翼龙是会飞的恐龙吗?

▼翼龙

　　翼龙不是真正的恐龙,它们只是恐龙的近亲。翼龙的样子很像蝙蝠,大多数都长着短短的细毛,且翅膀也没有羽毛,而是一张具有韧性的膜。之所以得翼龙之名,是因为它们的"翅膀"硕大无比。最大的翼龙展开双翼有 11 ~ 15 米长,相当于一架飞机大小;而最小的翼龙展开双翼仅 25 厘米,与一只燕子的身型差不多。

三角龙头上的角有什么用?

　　三角龙的头上长了 3 个角,这是它们争夺地位、抵抗敌人的武器。它们头上虽然长着锐利的角,但主要还是用来吓唬攻击它们的肉食恐龙。如果吓唬没有用的话,它们才会用头上的角和对方比个高低。

◀ 天生的斗士——三角龙

为什么霸王龙是恐龙世界的暴君？

　　霸王龙是一种肉食动物，以凶残著称。它们块头很大，有6米多高，15米长，重约7吨。它们肌肉发达，后肢强健，在追击猎物时，奔跑速度能够达到50千米／小时。它们的牙齿十分锋利，像锯齿似的，可以把猎物连皮带肉撕成牙签大小。霸王龙在恐龙世界里横行霸道，许多鸭嘴龙、甲龙等草食恐龙都成了它口中的大餐。

▼凶猛的霸王龙

为什么有些蜥蜴身上有角和尖刺？

　　有些蜥蜴身上长着尖锐的角和刺，这些角和刺长在身上，就像穿了一件坚硬的盔甲，使蜥蜴看上去十分凶猛，可以吓退许多来犯者。当然，如果还有哪些家伙不服气，它们一定会被扎得满嘴是血。所以说，蜥蜴身上的角和刺是它们防御敌人的武器。

▼ 加帕格斯群岛鬣蜥

▲ 蜥蜴

为什么蜥蜴的断尾会弹跳？

　　蜥蜴常常通过改变体色来掩人耳目，骗过敌人，而部分蜥蜴当受到袭击时，尾巴更会因肌肉剧烈收缩而发生断落。由于断落的尾巴中仍有部分神经存活着，所以会不断弹跳，这很容易分散敌人的注意力，这时蜥蜴便迅速逃脱。别以为蜥蜴从此就没有尾巴了，其实只需短短几个月，它的尾巴又会重新长出来，跟以前一样。

为什么角蜥的眼睛会喷血？

有时候，当角蜥不小心被猛兽抓了，会遭到其利爪撕踏的折磨。猛兽们企图用这种办法将它们弄死，然后吃掉。遇到这种情况，角蜥会大量吸气，使身躯迅速膨大，以至于眼角边突然破裂，从眼睛里喷出一股股殷红的鲜血。鲜血的射程可达 1 ~ 2 米，猛兽会被这突然迎面射来的鲜血吓得惊慌失措，这时，角蜥就可以乘机而逃了。

为什么说楔齿蜥是"活化石"？

▲ 蜥蜴的皮肤可以变色

楔齿蜥昼伏夜出，白天栖居于信天翁、海燕等鸟的洞穴内，夜晚觅食昆虫、蠕虫和鱼虾等。楔齿蜥属喙头目，喙头目是爬行动物中最古老的类群，大多数种类生活于距今 2.5 亿年前至 2 亿年前，现仅存楔齿蜥一种。楔齿蜥具有类似 2 亿多年前古爬行动物的原始特征，如脊椎骨双凹型等，所以，在动物界有"活化石"美称。

变色龙为什么会变色？

　　变色龙被称为"动物魔术师"，因为它能在不同的环境下，将自己的身体颜色变成与周围环境相似的颜色。变色龙皮肤中有各种色素细胞，在光线、温度和湿度的影响下，色素细胞或集中或分散，就能产生出与环境相适应的皮肤颜色了。此外，变色龙的情感变化也会影响它的体色。一旦把变色龙的中枢神经切断，它就再也无法改变体色了。

▼ 变色龙的体色多变

▲ 变色龙捕虫

为什么说变色龙是"捕虫高手"？

变色龙是有名的捕虫高手。通常，在静候小虫出现时，变色龙的皮肤能够根据周围的环境变换颜色，这样就可以充分隐蔽不被发现。而在搜寻猎物时，变色龙的眼睛可以朝任何一个方向转动。变色龙向来以活物为食，当它们发现前方有虫子，就会慢慢爬近，以迅雷不及掩耳的速度吐出舌头，将虫子粘住。这一精彩的动作，在一秒钟之内就能完成。要知道，它吐出来的舌头，长度甚至超过它身体的长度呢。

两栖动物和爬行动物篇

为什么蚯蚓断成两截后不会死？

在自然界里，一般的动物，在身体被切成两段后肯定会死去。但是蚯蚓却不一样，它拥有很强的再生功能。蚯蚓的身体像由两条两头尖的"管子"套在一起组成的，当身体被切成两段时，断面上的肌肉组织会立即收缩，一部分肌肉自己便迅速溶解，形成新的细胞团，同时伤口不断愈合，细胞不断增生，一条被分割的蚯蚓就奇迹般地变成了两条完整的蚯蚓了。

▲ 蚯蚓具有强大的再生能力

壁虎为什么能"飞檐走壁"？

壁虎属爬行动物，我们常能看见它在墙上、窗户上、屋檐下自如行走。如果仔细观察，就会发现壁虎的脚趾上有一条条深沟，就像是一种强大的吸盘，有相当强的吸附作用，而且壁虎趾的表皮有无数根纤毛，每根纤毛的上面都有个微小的凸起。正是因为壁虎脚趾上的这种特殊结构，所以它能够自由自在地在墙上爬行却不会掉下来。

◀ 壁虎母子

为什么乌龟能缩进壳里？

　　乌龟之所以能把身体缩进壳里，是因为龟的壳和脊骨连在一起，它的肋骨扁平而宽阔，有较大的支持力。另外，乌龟的骨骼和关节都很灵活，非常容易弯曲。这样，在遇到外界刺激时，乌龟就能迅速地把头脚缩进壳内。

▼ 钻纹龟

乌龟为什么寿命很长？

　　经科学家们研究表明，细胞繁殖能力的强弱与龟的寿命有密切联系。乌龟行动缓慢，新陈代谢也慢，这些对它的身体各器官的磨损比较小，所以乌龟有极强的耐饥耐渴能力和较长的寿命。而且，体型比较大的素食龟与其他龟相比，寿命更长。

137

蛇都有毒吗？

不是所有的蛇都有毒。当毒蛇攻击并咬住猎物时，会从毒牙流出毒液，比如蝮蛇、白花蛇、眼镜蛇等。但是，也有些蛇并不分泌毒液。一般区分蛇是否有毒，主要看头的形状，三角形头骨的蛇多有毒，圆形头骨的蛇通常无毒。比如蟒蛇，就属无毒类，它主要靠强有力的肌肉来捕杀猎物。

▲ 海蛇是一种毒性非常强的毒蛇

蛇为什么蜕皮？

在蛇生长的过程中，蛇皮就像我们人类穿的衣服一样，是不会生长的。因此，这层蛇皮每隔几个月就会显得又紧又窄，如果不蜕掉，蛇就无法生长了。蛇每次蜕皮后，都会长大一些，所以蛇的新皮总要比旧皮大一些。蛇通常一年要换 3 ~ 7 次皮。

◀ 现存最大的蟒蛇——网纹蟒

为什么蛇可以吞下比自己头大的动物？

　　蛇类头部有与开合有关的骨骼。首先，蛇头部接连到下巴的几块骨头是可以活动的，所以它的下颌可以向下张得很大。其次，蛇下巴两侧的骨头以韧带相连，可以向两侧扩张很大。同时，蛇在吞食比它头部还大的猎物时，蛇嘴内还会分泌出大量唾液，这对吞咽过程起到了润滑的作用。

▲ 响尾蛇

蛇的舌尖为什么要分叉？

　　蛇的舌头可以用来判断气味来源，就像我们人类的左右耳朵一样，所以它们发达的舌头就成为分叉状。蛇是通过舌头判断猎物、配偶或是自己留下的痕迹，所以如果剪去蛇的舌尖分叉，它们就会丧失追踪气味的能力。而且堵住蛇口中通往探测器官的孔道，它们也会丧失辨别能力，只能在原地转圈。

◀ 蛇的舌头

两栖动物和爬行动物篇

part 5

鸟类篇

为什么鸟类喙的形状不同？

　　鸟类各式各样的喙，是经过长期的自然选择形成的。鸟类有许多种，由于生存环境和取食方式不同，每一种鸟的喙都表现出极大的差异。虎皮鹦鹉的喙短，上喙向下钩曲，强大的喙可以钩住树枝；啄木鸟的喙像一根细长的钢针并有倒钩，能强有力地凿破树皮，找到里面的害虫并将其钩出。

▲ 鸟喙，就是鸟的嘴

为什么鸟类足的形态不同？

　　在漫长的进化历程中，为了适应各种生存环境的需要，不同的鸟形成了各式各样的足型。这是鸟类对生存环境的一种适应，也是自然选择的结果。比如，鹰、鹫等猛禽的足强健有力，趾端有长而锐利的钩爪，捕获的动物很难逃脱。鹤、鹭、鹳等涉禽的足较长，适合在浅水中行走，既不会弄湿羽毛，又可以扩大视野，观察周围的动静。

◀ 鸵鸟

鸟为什么会飞？

首先，鸟类体表覆盖着轻盈的羽毛，这使鸟类外形呈流线型，减少空气阻力；由羽毛组成的翅膀上下扇动还能产生气流，让鸟快速前行。再者，鸟类中空的骨骼内充有空气，这种特殊结构让鸟儿大大减轻了重量，加强了支持飞翔的能力。最后，鸟的胸部肌肉非常发达，这为鸟儿起飞和飞翔提供了强大动力。

为什么鸟的羽毛分布不均匀？

羽毛是鸟类飞翔和保温必不可少的部分，但是绝大多数鸟类的羽毛并非在全身均匀分布。经研究，鸟类羽毛的这种着生方式是为了适应飞翔。因为有不长毛的地方，所以鸟类在飞行时，肌肉的收缩和皮肤的运动就不会受到限制。而那些不会飞翔的鸟类，如鸵鸟、企鹅等的羽毛就是均匀地分布在身体表面的。

◀ 鸟的羽毛分布不均

鸟类篇

143

鸟为什么筑巢?

鸟筑巢完全是一种先天性行为，目的是为孵化雏鸟、哺育雏鸟提供舒适的场所。很多人都认为，鸟筑巢是为了睡觉，实际上

▲ 一只八哥在树上休息

鸟儿睡觉的地方很简单，一个小树枝就足够了。睡觉时，鸟会把躯干微缩，伸开脚尖，使趾能自动地向内侧弯曲，自然就能用伸缩性很强的腱抓住树枝，而头放在背后，支持肌肉不活动，便能使身体完全保持平衡。

所有的鸟都会筑巢吗?

大部分鸟类都有筑巢的天性，但有一些鸟类就从不筑巢。例如布谷鸟，它是出了名的偷巢大师，经常悄悄地把自己的蛋下在其他鸟类的巢中。当布谷鸟的蛋孵化成幼鸟时，幼鸟会把窝里真正主人的蛋给推出去，这样就顺理成章地霸占了这个巢。此外，生活在南极的企鹅、食肉的斑鸠、学话的鹦鹉等也没有筑巢的习性。

◀ 布谷鸟四处觅食

为什么鸟飞行时要把脚收起来？

鸟儿在飞行时，都会把脚收起来，有的藏在肚子底下，有的把长腿伸在身后与身体保持一条线。这样做不仅能让鸟儿保持平衡，同时也减少了风的阻力，从而使飞行变得更快、更轻松。

▲ 飞翔中的鸽子

鸟为什么要换毛？

不论是什么鸟的羽毛，经过一段时间的使用之后都会有磨损，所以鸟类会更换羽毛。大多数鸟一次只更换很少的毛，这样不会影响飞行。但有些体重较重的水鸟，它们只有等待换完所有的羽毛后才能正常飞行，往往这个时候它们会找地方躲起来。因为没有了羽毛，它们就没有任何逃跑的能力了。

◀ 鸟每年都要更换羽毛

鸟类篇

145

▲ 站在电线上的小鸟

鸟为什么不会触电？

想要让鸟儿触电可是一件不易的事情。首先，鸟体内的电阻很大，一般电阻越大，电流越难通过。其次，通电的完成需要形成一个完整的电流回路，但鸟儿往往只是停在一根电线上，不能构成完整的回路。所以，鸟是不会触电的。

为什么鸟在树上睡觉时不会摔下来？

鸟睡觉时不会从树上掉下来的奥妙就在鸟的腿脚上。树栖鸟类的脚上有一个锁扣机关，长有屈肌和筋腱，非常适合抓住树枝。当鸟全身放松蹲下睡觉时，它身体的重压使脚趾自动紧握住树枝，这样鸟儿就可以放心大胆地蹲在树枝上睡觉了。另外，鸟儿在平时的飞行中练就了精湛的平衡能力，停留在树枝上对鸟儿来说是小菜一碟。

▼ 鸟爪可以十分牢固地握住树枝

▲ 鸵鸟翅膀已经退化

为什么鸵鸟不会飞？

　　鸵鸟也是鸟，为什么飞不起来呢？答案很简单，因为它不具备在空中飞翔的条件。鸟想要在空中自由飞翔，一要长着有羽毛的翅膀，二要体态轻盈。鸵鸟身长两米多，体重达到 150 千克，又大又重。所以，即便鸵鸟有用羽毛"武装"起来的流线型的身体，又有翅膀，但也是飞不起来的。

鸟类篇

天鹅为什么能浮在水面上？

　　水鸟的身体结构有很多适合水中生活的特点。天鹅身上长着一层厚厚的羽毛，这些羽毛像船的外壳一样，而且羽毛的外表有一层油脂，水不会沾湿羽毛。所以，天鹅能浮在水面上，不会沉下去。

为什么鸽子会送信？

　　人们在古代和近代常常会用鸽子来送信，因为信鸽具有多种辨别方位的本领。在晴天时，信鸽会利用太阳光来导航。它们体内的生物钟可以对太阳的移动进行校正，选择方向。阴天时，信鸽则利用它们两眼之间的凸起处的测量磁场装置来用地球磁场为自己"导航"。另外，信鸽还能用气味来充当寻找归途的线索！

▼ 浮在水面上的天鹅